Gilberto Ledesma

Análisis Químico Volumétrico de Aguas Naturales

Gilberto Ledesma

Análisis Químico Volumétrico de Aguas Naturales

Superficiales y Subterráneas

Editorial Académica Española

Imprint

Any brand names and product names mentioned in this book are subject to trademark, brand or patent protection and are trademarks or registered trademarks of their respective holders. The use of brand names, product names, common names, trade names, product descriptions etc. even without a particular marking in this work is in no way to be construed to mean that such names may be regarded as unrestricted in respect of trademark and brand protection legislation and could thus be used by anyone.

Cover image: www.ingimage.com

Publisher:
Editorial Académica Española
is a trademark of
Dodo Books Indian Ocean Ltd. and OmniScriptum S.R.L publishing group

120 High Road, East Finchley, London, N2 9ED, United Kingdom
Str. Armeneasca 28/1, office 1, Chisinau MD-2012, Republic of Moldova, Europe
Printed at: see last page
ISBN: 978-613-9-43676-7

Con una dedicatoria especial a mi familia por estar siempre aquí presente, al pendiente y ser un equipo generador de ideas: A mis padres Gilberto y Elena, a mi hermana Sandra y a la querida sobrina Karol Milena"

"A mi compañera Génessis por ser parte de este pequeño universo que hemos formado"

"A mis amigos y amigas de exploración, por esos kilómetros y años de vida recorridos tanto por arriba en superficie, como debajo de superficie....siempre con muchas ganas de comprender este mundo que nos rodea..."

PRÓLOGO

Hoy día el tema del agua es algo que no debe tener precio. Cada vez es un recurso natural que poco a poco está generando diversas problemáticas debido a que cada día se hace más complicado tener acceso a ella. El problema del agua es real y está aquí, cada día los niveles de lagos, arroyos y manantiales, se ve disminuido por miles de factores. El tema del agua siempre deberá ser prioritario, abusamos de ella sin darnos cuenta y puede llegar el momento en que este recurso vital para el desarrollo humano cada vez sea más complicado que llegue a nuestros hogares.

El conocimiento y distribución del agua es fundamental, si no se conocen sus principios y leyes, muy difícilmente podemos entenderla y mucho menos tratar de cuidarla. Hoy día se necesita que cada vez más gente se interese por este recurso cada día más carente. Se necesita de una política que nos enseñe que la dualidad agua-hombre-ambiente es vital como el mismo líquido.

Presento este manual básico de análisis de aguas naturales como una aportación a un futuro incierto, a un futuro no claro donde entender que pasa con el agua, será un factor estratégico para las poblaciones. Es un manual que nos permite acercarnos al entendimiento y propiedades del agua natural, tal y como la encontramos en nuestro entorno. No es un manual para aguas residuales y tratadas. Es un manual que recopila las técnicas y los principios básicos de análisis de documentos y escritos tradicionales de la química analítica que nunca dejaran de estar vigentes. La volumetría en su máxima expresión y desde un punto de vista de la micro escala, como un recurso analítico sencillo, barato y de precisión. Un manual para llegar hasta los lugares más apartados e inexplorados para tomar la muestra de agua y ahí mismo, si es posible llevar a cabo una serie de pruebas "in situ" que nos permitan conocer las propiedades más importantes de esa agua y para en lo siguiente proyectar y analizar acciones de mejoramiento, cuidado, protección y posiblemente distribución del vital líquido.

Es la idea central de este pequeño manual; llevar esta metodología de la química analítica a personas interesadas por el tema del agua, desde químicos, hidrólogos, ingenieros ambientales, exploradores y todos aquellos que necesitamos datos del agua, para su clasificación y que mediante los nuevos programas de hidroquímica existentes, tengamos a la mano el contexto de esa agua natural, superficial y subterránea, que puede ser en un futuro inmediato, fundamental para simplemente….nuestra existencia.

Gilberto Ledesma Ledesma

Índice

Capítulo 1. El agua y su ciclo hidrológico.

Recursos hidráulicos de la tierra.

La tierra es el único planeta del sistema solar con casi 71% de su superficie cubierta con agua. Los volúmenes de agua sobre la tierra son grandes. Se calcula que solo los océanos y mares contienen 1360×10^6 km^3 y se estima que se encuentran confinados 29×10^6 km^3 en los casquetes polares. En conjunto estas masas de agua representan aproximadamente el 97% de los recursos acuáticos. Desafortunadamente, ninguno de estos volúmenes está disponible en forma inmediata para abastecer agua, el agua de mar por tener casi 35 gramos de sal por litro y el hielo polar debido a la lejanía de las regiones habitables del planeta.

Esto deja como aguas útiles de la tierra a los $\approx 7 \times 10^5$ km^3 de agua dulce existentes en lagos y corrientes, en suelos permeables y en la atmósfera; un poco menos del 3% está en la atmósfera, derivado de la evaporación de agua dulce y salada, estando el resto dividido entre la superficie y el subsuelo. Sin embargo estas porciones de la hidrósfera no se encuentran estáticas, el agua circula: 50×10^4 km^3 se precipitan anualmente del cielo en forma de lluvia o nieve sobre los continentes e islas aproximadamente una cuarta parte; el resto cae sobre los océanos; 375×10^4 km^3 escurren de la superficie de la tierra: y el subsuelo rinde en forma, más o menos segura 1.67×10^4 km^3 de agua. La tabla 1.1 muestra la desigual distribución del agua en la Tierra.

Lugar	%
Océanos	97.39
Casquetes polares, icebergs ,	2.01
glaciares	0.58
Humedad del suelo	0.02
Lagos y ríos	0.001
Atmósfera	

Tabla 1.1 Distribución porcentual del agua terrestre.

Aguas continentales.

La tabla 1,1 muestra que aproximadamente el 2.6% del agua del planeta es agua no salada o "dulce" y de esta solo el 10% se encuentra en los lagos, ríos y subsuelo; este valor indica el agua disponible en los continentes. Por lo tanto el agua dulce es un recurso sumamente escaso. El agua dulce proviene de dos fuentes: el agua superficial que se origina en la precipitación que no se infiltra en el suelo y el agua que se ha infiltrado. El agua superficial es captada y llevada a través de las cuencas hidrológicas hacia los cuerpos de agua superficial. El agua subterránea o freática ocupa los poros del subsuelo, dando lugar a una zona de saturación, bajo esta zona debe haber un estrato de roca impermeable.

El ciclo de las aguas.

 Una cuenca fluvial está constituida por el conjunto de terrenos drenados por un curso de agua principal y sus tributarios, de tal modo que el agua que llegue al área de drenaje en la forma de precipitación y que no sea devuelta a la atmósfera por los procesos de evaporación y transpiración o no se escape subterráneamente a las cuencas vecinas o al océano es de manera eventual filtrada, por vías superficial y subterránea a través de la sección de desembocadura del curso de agua principal de la misma.

Las precipitaciones que caen sobre los terrenos de las cuencas constituyen la fuente de renovación de sus recursos de agua. En el ámbito universal, los fenómenos de precipitación ocurren en todo momento. Por otro lado se observa también que las cantidades de precipitación varían bastante con el tiempo y de lugar en lugar, de manera que ciertas cuencas se ven menos favorecidas que otras.

Los recursos de agua de todas las cuencas fluviales forman parte de un gigantesco sistema circulatorio conocido como "ciclo hidrológico". Aunque este ciclo no tenga principio ni fin, se acostumbra suponer que el mismo tiene inicio en la superficie de los océanos.

Al sufrir continua evaporación, los océanos proporcionan vapor a la atmósfera, una parte es llevada dentro de grandes masas de aire siendo, eventualmente precipitada en la forma de lluvia, granizo o nieve o entonces, condensada en forma de rocío o escarcha en las áreas terrestres.

Esta agua de lluvia comienza a formar parte de los recursos de la cuenca receptora. La humedad se evapora directamente o es usada entonces por la vegetación y después devuelta a la atmósfera. Una cae directamente en los lechos de los cursos de agua de la cuenca, mientras que otra llega a la superficie de los terrenos.

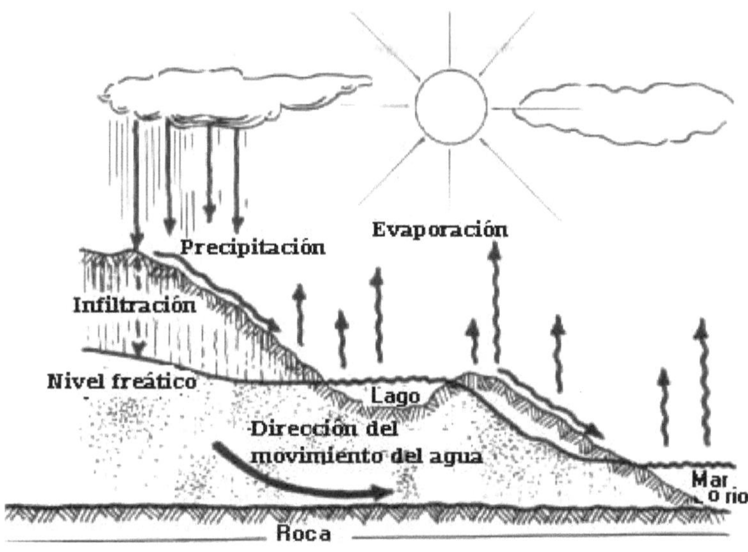

Figura 1.1 El ciclo de las aguas.

A medida que alcanza la superficie del suelo, solo una parte de la lluvia se va infiltrando y otra que dependerá de la diferencia entre la intensidad de la lluvia y la capacidad de infiltración del suelo.

De toda el agua que se infiltra, una parte es retenida por fuerzas de atracción molecular, en la llamada capa del suelo de la zona de aeración, para satisfacer la deficiencia de humedad, en relación a la capacidad del campo, producida durante el periodo de seca por los fenómenos de evaporación y transpiración; si el agua infiltrada fuera suficiente, otra parte se escurriría hacia abajo, pudiendo producir aumento en los almacenamientos de agua subterránea. En la zona de saturación (zona de agua subterránea, donde los intersticios de las rocas se encuentran totalmente ocupados por el agua) ésta se mueve lentamente por la acción de la gravedad, en dirección a puntos y áreas de descarga natural o artificial. Esta descarga puede ocurrir después de pocos días, meses o hasta periodos más largos.

La descarga natural de los acuíferos puede darse por medias fuentes o manantiales y por la infiltración a lo largo de los lechos fluviales; o puede darse por evaporación y traspiración, donde el manto freático se encuentra muy próximo a la superficie; una parte del agua es descargada subterráneamente en el océano.

La precipitación, percolación, escurrimiento y evaporación son etapas en el ciclo del agua (Fig. 1.1).

Del agua que llega a la tierra, alguna cae directamente a la tierra, alguna cae directamente sobre la superficies acuáticas: otra parte fluye sobre la tierra y hace su ruta por arroyos y ríos, estanques, lagos y depósitos o mares y océanos; parte de ella retorna de inmediato a la atmosfera por evaporación y transpiración de la vegetación y otra parte se hunde en la tierra.

Parte del agua que penetra en la corteza terrestre, es retenida cerca de la superficie, de donde alguna cantidad se evapora directamente, y otra es tomada por la vegetación, para ser retornada a la atmosfera por transpiración. El remanente del agua infiltrada escurre hacia abajo por gravedad, hasta alcanzar el nivel freático, para unirse al depósito subterráneo dentro de la corteza terrestre. La mayor parte del agua subterránea es descargada hacia la superficie del suelo a través de manantiales y afloramientos de trasminaciones, o pasa, ya sea al nivel freático o bajo él, a las corrientes o masas estáticas de agua, incluyendo los océanos.

El agua que fluye por arroyos y ríos, se deriva, solo en una pequeña parte, de la precipitación directa y en su mayoría del agua de lluvia que escurre por la superficie del suelo, y en cantidades más uniformes del flujo de tiempo seco proveniente de la disminución del nivel en los lagos, estanques y depósitos, así como de la trasminación de agua subterránea.

La evaporación y precipitación son las principales fuerzas motrices en el ciclo del agua. La radiación solar es la fuente de energía requerida. El escurrimiento y percolación desplazan el escenario de su evaporación a lo largo de la superficie terrestre; la circulación atmosférica lo hace para su condensación y precipitación.

Fuentes de aguas naturales.

Las fuentes comunes de aguas dulces son:

1.- Agua de lluvia. El agua lluvia absorbe los gases y vapores que se encuentran normalmente en la atmósfera. La lluvia contiene polvo, gases disueltos y otras sustancias originadas por actividades del hombre. Los contaminantes naturales pueden tener su origen en la actividad volcánica y en la erosión del suelo por el viento. Pueden encontrarse en estado de vapor, como líquido suspendido en nubes o cayendo en forma de lluvia, granizo, nieve. Es prácticamente pura, se caracteriza por su carencia de sales minerales, es blanda, saturada de oxígeno, con alto contenido de CO_2 y por consiguiente corrosiva.

2.- Las aguas de manantiales (Fig. 1.2) ríos y lagos, todavía no contaminadas por el hombre, contienen entre 0.01% y 0.2% de sustancias inorgánicas sólidas y también sales disueltas, principalmente compuestos de calcio y magnesio; aunque también y en menor proporción de sodio, potasio, hierro y manganeso. Los aniones más frecuentes son los carbonatos, cloruros y sulfatos.

Los ríos pueden llevar sustancias orgánicas flotantes originadas de plantas y animales. Estas aguas pueden ser en efecto potables, siempre y cuando no contengan contaminantes de origen industrial. En función de la calidad del suelo y subsuelo debajo de los ríos, lagos y en sus orillas, el agua puede filtrarse rumbo a los diferentes niveles de las aguas subterráneas. En estos casos, el material del suelo y subsuelo actúa como un filtro para el agua. Existen manantiales y pozos de las llamadas aguas minerales naturales. Las aguas minerales contienen sales disueltas en concentraciones elevadas y CO_2disuelto. En algunas ocasiones, estas aguas son termales y casi siempre son usadas con fines curativos.

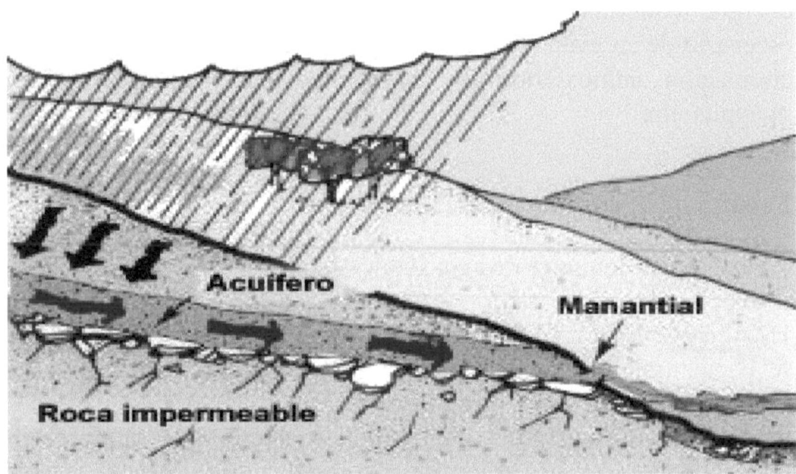

Fig. 1.2 Los manantiales son fuentes de agua filtrada

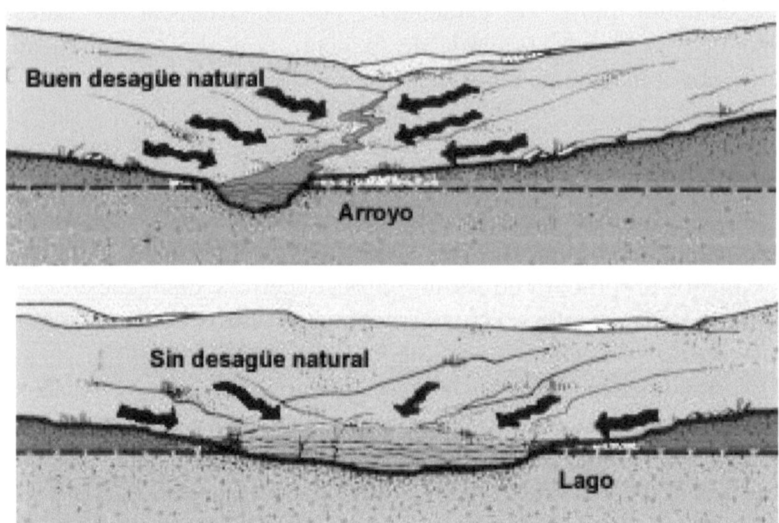

Fig. 1.3 Aguas superficiales de corrientes y estanques naturales

16

3.- Las aguas superficiales (Fig. 1.3) son las de las corrientes naturales como ríos y arroyos; y en relativo reposo en lagos , embalses, mares; y en estado sólido en el hielo y las nieves donde se acumulan en grandes cantidades. Al escurrir por la superficie las corrientes naturales están sujetas a contaminaciones derivadas del hombre y de sus actividades transformándolas en muchos casos en nocivas o impropias para la salud. Su calidad depende también del tipo de suelo y de la vegetación.

4.- Las aguas subterráneas, en la mayorías de los casos, tienen su origen en las lluvias o en la filtración de aguas de ríos y lagos. Las aguas subterráneas se acumulan en sedimentos porosos que se encuentran arriba de capas impermeables del subsuelo. Su nivel freático natural depende de las condiciones geológicas, de la cantidad de las precipitaciones y de las condiciones climáticas. Actividades humanas como la minería, la regulación de ríos y extracción de agua influyen sobre su nivel. Las aguas freáticas normalmente fluyen también siguiendo la fuerza de gravedad. Su velocidad depende de las condiciones geológicas. Cuando en el subsuelo existen grietas y cuevas, típicos para lugares calizos, la velocidad de su flujo aumenta. Las aguas subterráneas (Fig. 1.4) presentan una fuente importante para generar agua potable.

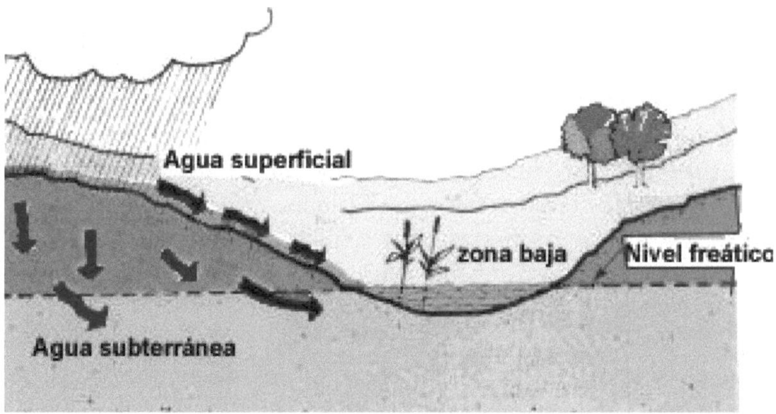

Fig.1.4 Agua superficial, agua subterránea y nivel freático.

Estas aguas están libres de microbios cuando las capas del suelo y sedimentos, por las cuales se filtraron, muestran un efecto de filtración suficiente y cuando su permanencia en el subsuelo es de 50 o 60 días.

Son las que penetran por las porosidades del suelo mediante el proceso de filtración. Se distinguen dos tipos de esta agua: agua freática y artesiana. El agua freática es la que está contenida entre la superficie de la tierra y la primera capa o estrato impermeable; se encuentra en un lecho permeable en donde se mueve libremente y a la presión atmosférica; está formada por dos zonas una superficial llamada zona de aguas vadosas y otra que continua hasta el estrato impermeable que se llama zona de saturación. El agua artesiana es la que está contenida entre dos estratos impermeables, no se mueve y tiene otra presión diferente a la atmosférica. Esta agua subterránea puede aflorar formando manantiales o alimentando cursos de agua o lagos. Al escurrir por las diferentes capas de terreno entra en contacto con sustancias orgánicas e inorgánicas algunas de ellas muy solubles. Por la descomposición de materia orgánica nitratos o nitritos. Tienen bajo contenido de oxígeno disuelto y alto de CO_2 por lo que se disuelve el hierro y manganeso, sustancias características de estas aguas. Desde el punto de vista bacteriológico, son inocuas si no han recibido recarga de aguas contaminadas.

5.- El agua de mar contiene casi 3.5% de sales disueltas: El océano Atlántico, 3.49%, el océano Pacífico, 3.46%; y el océano Ártico 3.1%. En promedio 3% de estas sales es cloruro de sodio (NaCl) y el resto son sales de alrededor de 50 iones diferentes. Para todos los seres vivos de las tierras firmes, plantas y animales y el ser humano, esta agua es "envenenada". Para ser potable se necesita todo un sistema de desalinización especial.

El agua salobre en las costas cerca de las desembocaduras de ríos, aunque tiene un contenido de sales disueltas entre 0.1% y 2.5%, tampoco sirven como fuentes de agua potable sin un proceso de desalinización.

Capítulo 2. El agua y su interacción con materiales sólidos.

Existen sustancias sólidas fácilmente solubles en el agua y otras que son difícilmente solubles o hasta insolubles en el agua. Estas propiedades están determinadas, por un lado, por la sustancia sólida, debido a sus propiedades físicas y químicas, y por otro lado a las propiedades del agua. Debido a estas propiedades de solubilidad de las diferentes sustancias sólidas en la naturaleza. El ciclo del agua ha transportado muchas sales desde los continentes a los océanos, formando las aguas saladas, mientras que en la mayoría de los manantiales, arroyos, ríos y lagos de los continentes el agua es "dulce" aunque contiene también sales disueltas, pero en concentraciones bajas.

Las sustancias sólidas naturales que comúnmente consideramos insolubles como las rocas, no son del todo tanto insolubles. La causa de esto, debe buscarse en los equilibrios químicos entre la sustancia sólida que se encuentra en contacto con el agua. Se analizan tres casos:

1.- Disolución del $CaSO_4$. Una medida para evaluar la solubilidad de una sustancia en el agua es lo que se conoce como producto de solubilidad. Este es el producto de las concentraciones de iones de una sustancia en su disolución saturada. En el caso del yeso ($CaSO_4$) el agua no participa químicamente en el equilibrio, sino que actúa solo como disolvente. La reacción de equilibrio se presenta como:

$$CaSO_{4(sólido)} \leftrightarrow Ca^{+2}_{(disuelto)} + SO_4^{-2}{}_{(disuelto)}$$

En esta reacción se presentan dos fases: el $CaSO_4$ en la fase sólida y los iones calcio y sulfato en la fase líquida. Si aplicamos a este equilibrio la ley de la acción de las masas, podemos incluir la concentración constante del sólido en la constante de equilibrio y se tiene:

$$Kps - [Ca^{+2}] [SO_4^{-2}]$$

La constante Kps se llama producto de solubilidad, y estos productos de solubilidad para muchas sustancias ya están determinados. Como se observa en la reacción de disociación del sulfato de calcio se forman dos iones que tienen concentraciones iguales. Las unidades de Kps son mol^2/L^2. Entonces, si se conoce el producto de solubilidad a una temperatura dada, hay que sacar la raíz cuadrada para conocer la concentración de $CaSO_4$ que se encuentra en forma disociada. Si el producto de solubilidad del sulfato de calcio es 6.1×10^{-5} mol^2/L^2. Entonces, podemos calcular la solubilidad del yeso en 100 mL de agua por ejemplo:

$$6.1 \times 10^{-5} = [Ca^{+2}]\,[SO_4^{-2}] = s \times s = s^2$$

$$s = \sqrt{6.1 \times 10^{-5}} = 7.8 \times 10^{-3} \, mol/L$$

Es la concentración del $CaSO_4$ en una solución saturada. Para convertir de moles a gramos se multiplica por el peso fórmula del $CaSO_4$ $(136.08)(7.8 \times 10^{-3}) = 1.06$ g por litro .
$1.06 \times 0.1 = 0.106$ g / 100 mL de agua

2.- Disolución de carbonato de calcio y magnesio. Para esta disolución de minerales carbonatados, que la mayoría de las rocas contienen, la reacción de equilibrio:

$$CaCO_{3(sólido)} \leftrightarrow Ca^{+2}_{(disuelto)} + CO_3^{-2}{}_{(disuelto)}$$

En esta se forman los aniones carbonato, estos aniones forman parte de una serie de otros equilibrios:

$$CO_3^{-2} + H_3O^+ \leftrightarrow HCO_3^{-1} + H_2O$$

$$CO_2 + H_2O \leftrightarrow H_2CO_3$$

$$H_2CO_3 + H_2O \leftrightarrow H_3O^+ + HCO_3^{-1}$$

De esta serie de equilibrios, se puede ver que tanto el PH como la presencia del dióxido de carbono influyen sobre la solubilidad de un carbonato. Los cationes de calcio y magnesio causan la llamada dureza del agua.

3.- Disolución de los silicatos y SiO_2. El dióxido de silicio se halla en la naturaleza en la mayoría de las rocas como cuarzo, pero también existe una modificación amorfa. Las dos modificaciones pueden reaccionar con agua según la siguiente reacción:

$$SiO_{2(sólido)} + 2\,H_2O \leftrightarrow Si(OH)_4$$

Las constantes de disociación de esta reacción a una temperatura de 25°C son: Kps = 1.99 x 10^{-4} y 1.99 x 10^{-5} respectivamente para el cuarzo y el amorfo. Esto significa que la especie amorfa es 10 veces más soluble que el cuarzo cristalino.

El ácido orto silícico $Si(OH)_4$ es un ácido muy débil:

$$Si(OH)_4 + H_2O \leftrightarrow Si(OH)_3O^{-1} + H_3O^{+} \quad Kp = 3.16\ x10^{-16}$$

$$Si(OH)_3O^{-1} + H_2O \leftrightarrow Si(OH)_2O^{-2} + H_3O^{+}\ Kp = 2.5\ x10^{-13}$$

Como puede verse en estos equilibrios, la solubilidad del cuarzo aumentará en condiciones alcalinas.

El proceso de disolución de los feldespatos es más complejo. Esta clase de minerales son silicatos en los cuales una cuarta parte de los átomos de silicio esta sustituida por átomos de aluminio y las cargas negativas resultantes son neutralizadas por cationes de los elementos del primer grupo o segundo de la tabla periódica. Uno de estos feldespatos es la albita, un silicato de sodio y aluminio: $NaAlSi_3O_8$.

Para los feldespatos, la química de la disolución es algo muy complejo por ser reacciones muy lentas y no alcanzan completamente el equilibrio. Las reacciones suelen pasar por la formación de compuestos meta estables. También como resultado de la reacción con el agua pueden formarse nuevas fases sólidas. La albita es uno de esos ejemplos, donde el producto es la caolinita, un mineral arcilloso. Todos los feldespatos son silicatos de estructura tridimensional, pero cuando son alterados producen compuestos en solución y minerales arcillosos como la caolinita, que son silicatos de hojas. En esta reacción, los iones de hidrógeno atacan a los iones de la estructura del feldespato y algunos iones liberados se incorporan a un mineral arcilloso en desarrollo, mientras otros se van en solución.

$$2\ NaAlSi_3O\ +\ 2\ H_3O^+\ +\ 7\ H_2O\ \leftrightarrow\ 2\ Na^+$$
$$+\ 4\ Si(OH)_4\ +\ Al_2Si_2O_5(OH)_4$$

Se observa, que para que la reacción ocurra, se necesitan condiciones ácidas. Se ha visto que el CO_2 del aire, disuelto en agua (Fig. 2.1) forma iones hidronio (H^+ o H_3O^+). Por lo tanto, la reacción se verá favorecida en presencia de CO_2:

$$2\ NaAlSi_3O_{5(sólido)}\ +\ 2\ CO_{2(gas)}\ +\ 11\ H_2O\ \leftrightarrow\ 2\ Na^+$$
$$+\ 2\ HCO_3^{-1}\ +\ 4\ Si(OH)_4\ +\ Al_2Si_2O_5(OH)_{4(sólido)}$$

Estos ejemplos, muestran como en la naturaleza el agua actúa como solvente y reactivo a la vez, de tal forma que a través de los años, participa en la degradación de las rocas, provocando la disolución de minerales que serán parte esencial de las aguas naturales. Es muy claro que la calidad de las aguas naturales, dependerá directamente del contacto agua-roca y por tanto de la geología de la zona.

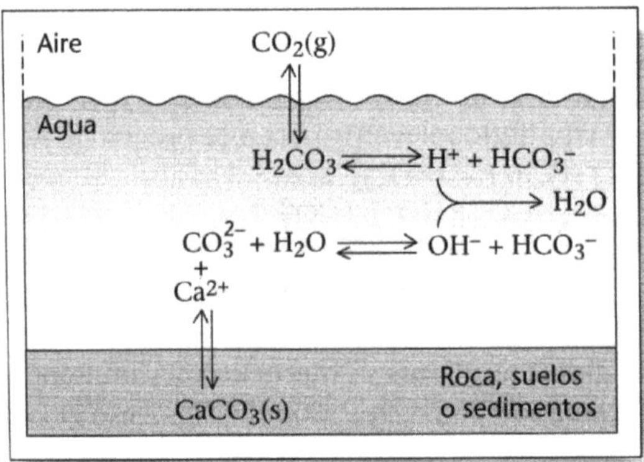

Fig. 2.1 El sistema carbonato, conformado por sus ácidos y bases conjugadas; el dióxido de carbono gaseoso, ácido carbónico, iones bicarbonato y carbonato, todos juntos constituyen el más importante regulador de pH en el agua de los océanos y también del agua subterránea.

Capítulo 3. Calidad y aspectos químicos de las aguas naturales.

Las aguas naturales: océanos, ríos, arroyos, lagos, manantiales, aguas subterráneas y hasta precipitaciones en forma de lluvias, nevadas, granizadas y neblinas nunca son químicamente puras. El agua pura es la "destilada" o "bidestilada". Las aguas en sus caminos naturales subterráneos y en la superficie terrestre, así como las precipitaciones de la atmósfera siempre tienen contacto con sustancias que más o menos son solubles en agua o que sufren reacciones con moléculas de agua. La degradación de las rocas, la naturaleza y composición de los suelos y subsuelo son determinantes para la composición de las aguas naturales respecto a su calidad y concentración de los componentes disueltos y suspendidos. Los iones Ca^{+2} y Mg^{+2} resultan de la interacción entre el agua y las rocas carbonatadas de origen sedimentario. Por otro lado concentraciones mayores del ácido silícico H_4SiO_4 y menores cantidades de calcio y magnesio se hallan en aguas que tienen contacto con rocas cristalinas. El Na^+ y K^+ tienen su origen en la descomposición lenta de feldespatos y arcillas.

Aparte de estos componentes, también pueden encontrarse otros tipos de sustancias en el agua. Esto dependerá de las condiciones geológicas y geoquímicas a lo largo de la trayectoria subterránea y superficial de las aguas. El sulfato (SO_4^{-2}) proviene del yeso ($CaSO_4$) y de minerales de hierro como la Pirita (FeS_2), así como de otros sulfuros. El fosfato (PO_4^{-3}) y fluoruro (F^{-1}) son productos de la degradación de la apatita $[(PO_4)_3(F,Cl)Ca_5]$.

Existen manantiales que contienen un exceso de componentes inorgánicos, de los elementos traza, que son muy poco comunes en aguas naturales. También las actividades volcánicas con sus exhalaciones ácidas , han participado intensamente a través de los años en la trasformación de rocas a minerales más solubles. También están presentes aniones como el carbonato (CO_3^{-2}) y el bicarbonato (HCO_3^{-1}), resultado de la interacción entre el agua y las rocas de origen sedimentario, así como también la presencia de CO_2 en el aire.

Todos los cationes de metales alcalino-térreos no se encuentran solos, sino que tienen su contra parte que son los aniones. Por tanto las concentraciones de los cationes están inseparablemente acopladas con un conjunto complejo de equilibrios de disolución y de disociación química del sistema:

$$CO_2 \leftrightarrow H_2CO_3 \leftrightarrow HCO_3^{-1} \leftrightarrow CO_3^{-2}$$

Los componentes químicos de las aguas naturales.

Necesitamos comenzar con la lluvia, de donde proviene toda el agua natural. La lluvia lleva consigo dióxido de carbono (CO_2) el cual, en combinación con el agua, da ácido carbónico (H_2CO_3). A su vez, el agua adquiere más dióxido de carbono del suelo y, también ácido húmico. Por tanto el agua nueva puede disolver ciertos materiales del suelo. La cantidad de materia disuelta dependerá de las características químicas del suelo y el subsuelo, del tiempo de permanencia en la tierra y de la distancia que el agua recorre en las rocas. Al permanecer en la tierra el agua puede ser concentrada por evaporación y ocurrirán cambios complejos.

En el agua subterránea encontramos sodio, potasio, calcio, magnesio, hierro, cloruros, sulfatos.. El silicato también puede estar presente. El fluoruro, nitrato y boro, cuando están presentes se encuentran en concentraciones muy bajas. El dióxido de carbono no siempre forma bicarbonato, pero puede permanecer en pequeña porción como gas disuelto.

Dióxido de carbono

Como se dijo anteriormente, la lluvia contiene dióxido de carbono disuelto del aire o del suelo. En combinación con el agua forma ácido carbónico que es un ácido muy débil. No obstante, cuando se trata de agua con poco de los otros elementos químicos, el ácido carbónico funciona de manera fuerte, causando muchas dificultades en los tubos y corroyéndolos. Esa agua adquiere hierro, los tubos comienzan a perder agua en las juntas y las calderas se corroen. Para evitar la corrosión de agua de mineralización baja pero que tiene bióxido de carbono, se aumenta su dureza con un poco de óxido de calcio.

Bicarbonato de calcio

Cuando el agua con dióxido de carbono encuentra rocas calcáreas, se forma bicarbonato de calcio Ca $(HCO_3)_2$. El agua con bicarbonato de calcio es dura, requiere más jabón para hacer espuma. El bicarbonato de calcio solo permanece en la solución cuando está en equilibrio con el dióxido de carbono. Cuando se calienta, el agua pierde dióxido de carbono y el bicarbonato de calcio se deposita. En los arrecifes, las aguas de mar se calientan cerca de la playa, el dióxido de carbono se escapa y el carbonato de calcio se precipita, posibilitando el crecimiento de los corales. En los manantiales también el carbonato de calcio o también travertino, se deposita. Cuando el agua sale o llega a la superficie, su presión baja y el CO_2 se escapan. El carbonato de calcio se deposita en lugares como tubos y cajas donde el agua tiene oportunidad de perder gas debido a que se queda quieta. Este carbonato de calcio depositado es lo que se conoce como "Sarro".

Sulfato de calcio

No se necesita dióxido de carbono para disolver el sulfato de calcio y por eso la solución simple de yeso da grandes cantidades de calcio. El sulfato de calcio también torna el agua dura, pero aquí la dureza es permanente, esto es, tiende a quedarse en solución. Tal agua necesita también mucho jabón y es causa de depósito (incrustaciones) en tuberías y calderas.

El sabor del agua con mucho sulfato de calcio es muy malo. El agua no mitiga la sed. En lugares donde el agua es "yesosa" más valiera conseguir otro tipo de bebida hidratante.

El origen del sulfato puede estar en el suelo intemperizado, particularmente en un área árida en la que los sedimentos no fueron bien drenados por la escasez de lluvia. Ahí los minerales que tienen azufre pueden ser oxidados hasta formar SO_4^{-2}. El sulfato de calcio puede concentrarse también en la superficie por evaporación del suelo mojado después de llover o depositarse por la evaporación del agua de capilaridad.

Bicarbonato de magnesio con sulfatos

Las aguas duras por lo general tienen magnesio así como calcio. Para disolver el carbonato de magnesio se necesita del dióxido de carbono, bajo la forma de caliza. El carbonato de calcio es más soluble que el carbonato de calcio pero, no obstante, la dolomita es disuelta con más dificultad que la caliza. Los depósitos de manantiales, como el travertino, contienen generalmente poco magnesio.

El agua de mar tiene mucho más magnesio que calcio debido a la mayor solubilidad del magnesio, particularmente en una solución de cloruro de sodio. En parte, la deficiencia de calcio en el mar se debe a la extracción por los organismos marinos.

En las agua naturales de la tierra la proporción de calcio es generalmente mayor, muchas veces mayor que la de magnesio. Cuando ocurre que un área contiene una cantidad de magnesio igual o mayor que de calcio, sospechamos que se trata de un agua antiguamente influida por el mar o en parte mezclada por el agua de mar.

Bicarbonato de sodio

Las rocas ígneas, particularmente, los feldespatos ácidos, dan bicarbonato de sodio después del intemperismo, pero generalmente, la concentración de bicarbonato de sodio es poca en aguas subterráneas. El agua con moderada cantidad de bicarbonato de sodio es muy sabrosa. Se llama "leve". Para el lavado esa agua necesita poco jabón. Es muy malo para la agricultura. Solamente, cuando el calcio está presente en un agua con exceso de sodio, se puede usar para la irrigación. Es agua corrosiva al aluminio formando aluminato de sodio.

Cloruro de sodio

El cloruro de sodio se origina de las rocas ígneas en poca cantidad, de los gases volcánicos y de las evaporitas. Las rocas tienen poco cloruro, pero los gases volcánicos son ricos en ácido clorhídrico y las evaporitas comúnmente tienen cloruro de sodio en exceso.

La concentración del cloruro en un área húmeda es, generalmente, baja; tal vez pocas partes por millón, debido a la solubilidad alta de las sales de los cloruros y la buena circulación del agua en la tierra. Cerca del mar, el viento trae la espuma salina para la tierra, depositando cloruro de sodio como cristales, que la lluvia disuelve y lleva hasta la zona de saturación.

El agua con una elevada concentración de cloruro de sodio es muy mala. Su gusto es desagradable. Es posible beber agua hasta con una concentración de 1000 ppm; pero si se bebe en exceso esta agua se tienen trastornos estomacales. La norma recomienda que en un sistema municipal el cloruro no sobrepase los 250 ppm.

La NOM-127-SSA1-1994, establece 250 ppm como máximo.

Hierro

Las rocas ígneas y muchos minerales dan hierro con el intemperismo. Los sedimentos tienen, localmente, cemento de hierro. Los materiales ferrosos son una fuente de hierro. Está presente en el agua como bicarbonato o sales complejas, tal vez formando parte de sales orgánicas. El agua con poco hierro tiene un mal gusto. Se puede probar agua con 1 ppm de hierro. Usado en la cocina, lavandería y limpieza del baño, deja manchas en la ropa, utensilios y accesorios. La norma recomienda que el agua municipal tenga 0.3 ppm o menos de hierro.

Flúor

El flúor, constituyente menor pero no raro, se origina de la solución de rocas ígneas. Su solubilidad en una solución calcárea es baja, pero cuando el agua tiene mucho sodio, el flúor puede estar presente. El agua dura no presenta flúor, pero cuando contiene bicarbonato de sodio, puede elevarse la presencia de este elemento. Más de 2 ppm de flúor mezclado con el agua tiene un efecto pernicioso en los dientes de los niños que la beben durante los primeros 12 años. Sus dientes se ponen más o menos castaños o con manchas castañas. Las normas establecen que no se usen aguas con más de 1,7 ppm en el abastecimiento público. Sin embargo, poco flúor, tiene un aspecto deseable en los dientes de los niños. Los dientes se fortalecen y se evitan las caries.

Nitrato

Hace años se consideraba que el nitrato tenía su origen en la solución orgánica. Contaminación por deyecciones humanas y de ganado. Además de eso, poco nitrato puede ser fijado en el suelo por las raíces de las plantas. En algunos lugares, los fertilizantes que tienen nitratos pueden alcanzar el reservorio subterráneo. La presencia de nitratos hasta cierto punto es algo sospechosa. La reducción de bacterias puede ser una causa. El nitrato en pocas partes por millón es una señal de contaminación. Pero además de eso, beber agua con nitrato es muy peligroso para mujeres embarazadas, ya que dan a luz niños azules con problemas de circulación "cianosis". La norma recomienda que el nitrato no exceda de 45 ppm.

Boro

El boro en concentraciones hasta de 1 ppm en agua puede dañar a las plantas. Por ello, donde se utiliza agua para la irrigación, se necesita determinar este constituyente.
El boro se origina de minerales tales como la turmalina. Los depósitos en los lagos secos también tienen boro. Ese elemento es común en los gases volcánicos. Por lo general el agua natural no contiene boro.

Iones fundamentales y menores en las aguas naturales

En un agua subterránea natural, la mayoría de las sustancias disueltas se encuentran en estado iónico. Unos cuantos dé estos iones se encuentran presentes' casi' siempre' y su suma representa casi la totalidad de los iones disueltos; estos son los iones fundamentales y sobre ellos descansará la mayor parte de los aspectos químicos e hidrogeoquímicos.

Estos iones fundamentales son:

Cationes	Aniones
Ca^{+2}	HCO_3^{-1}
Mg^{+2}	SO_4^{-2}
Na^{+1}	Cl^{-1}
K^{+1}	

Es frecuente que los aniones nitrato (NO_3^{-2}) y carbonato (CO_3^{-2}) y el catión potasio (K^{+1}) se consideren dentro del grupo de iones fundamentales aun cuando en general su proporción es pequeña. Otras veces se incluye además el ion ferroso (Fe^{+2}).

Entre los gases deben considerarse como fundamentales el anhídrido carbónico (CO_2) y el oxígeno disuelto (O_2), aunque no es frecuente que se analicen en aguas subterráneas. Entre las sustancias disueltas poco ionizadas o en estado coloidal son importantes los ácidos y aniones derivados de la sílice (SiO_2).

El resto de iones y sustancias disueltas se encuentran por lo general en cantidades notablemente más pequeñas que los anteriores y se llaman iones menores a aquellos que se encuentran habitualmente formando menos del 1 % del contenido iónico total y elementos traza a aquellos que aunque presentes están por lo general en cantidades difícilmente medibles por medios químicos usuales.

Los iones menores más importantes son, además de los ya citados NO_3^{-1}, CO_3^{-2} , K^+, Fe^{+2} , NO_2^{-1}, F^{-1}, NH_4^{+1} y Sr^{+2} . Suelen estar en concentraciones entre 0,01 y 10 ppm. En concentraciones entre 0,0001 y 0,1 ppm, suelen estar los iones menores:

Aniones: B^{-1}, S^{-2}, PO_4^{-3}, $H_2BO_3^{-1}$, OH^{-1}, NO_2^{-1}, NO_3^{-1}, I^{-1}
Cationes: Fe^{+3}, Mn^{+2}, Al^{+3}, H^+, NH_4^{+1}

Los iones metálicos derivados del As, Sb, Cr, Pb, Cu, Zn, Ba, V, Hg, U, etc., a veces están en cantidades medibles, pero en general son elementos traza. El resto de posibles iones están casi siempre en cantidades menores que 0,0001 ppm. Aunque los iones menores y los elementos traza no suelen determinarse en análisis habituales, salvo circunstancias especiales, no por ello dejan de tener interés, en especial en estudios de origen y relaciones entre aguas y prospección minera. Actualmente se dedica a ellos especial interés en ciertas investigaciones del efecto de las sustancias disueltas en el agua sobre la salud pública. La disponibilidad de espectrómetros de absorción atómica permite que su análisis sea mucho más asequible, aunque no exento de dificultades. Todo lo dicho se refiere a los casos más frecuentes de aguas naturales; en aguas contaminadas las circunstancias pueden cambiar notablemente. En la naturaleza existen a veces aguas subterráneas naturales con composiciones que no se ajustan a lo indicado, ya sea porque contienen cantidades muy pequeñas de algunos de los iones fundamentales o bien porque una fracción importante del contenido iónico está representado por uno o varios de los iones menores o traza. Las aguas subterráneas llamadas dulces contienen como máximo 1000 o quizá 2000 ppm de sustancias disueltas; si el contenido es mayor, por ejemplo hasta 5000 ppm se llaman aguas salobres y hasta 40 000 aguas saladas. No es raro encontrar aguas que superen los 40 000 ppm de sustancias disueltas llegando a veces hasta 300 000 ppm. A estas aguas se les llama salmueras y están asociadas con frecuencia a depósitos salinos, aguas d yacimientos petrolíferos o bien aguas muy antiguas situadas a gran profundidad. Estas aguas pueden contener cantidades elevadas de elementos menores o incluso de los que generalmente están como trazas y constituir verdaderos minerales de esas sustancias, pero muchas veces siguen siendo una pequeña porción del contenido total en el que en general domina los iones Cl^{-1} y Na^{+1} y a veces Ca^{+2}.

Capítulo 4. Determinación de parámetros físicos y químicos en aguas naturales.

En el estudio del agua superficial y subterránea los parámetros físicos y químicos aportan la información más importante para su caracterización. En los siguientes capítulos de este texto se describen a detalle algunas de las medidas y técnicas físicas y químicas de uso común y constante en la valoración del agua que pueden ser aplicadas por hidroquímicos no profesionales, estudiantes de química e hidroquímica o por técnicos y/o investigadores en el campo de los recursos hídricos, así como también de exploradores y todo aquel interesado en el estudio del agua. Las técnicas que aquí se presentan, para la caracterización de aguas naturales, superficiales y subterráneas presentan un carácter técnico a micro-escala, en donde el objetivo central es presentar técnicas analíticas volumétricas más accesibles y fáciles de realizar, sin requerimientos de material y utensilios de laboratorio complejos, que hagan muy caro la realización, así como también la utilización de mínimos reactivos requeridos. Se pretende que sean técnicas implementadas en campo y fáciles de realizar en un menor costo y tiempo. Las técnicas volumétricas presentadas ofrecerán también una notable reducción en la eliminación de residuos tóxicos, ya que se utilizarán cantidades relativamente pequeñas.

Toma de muestras

Cualquier análisis del agua empieza con el muestreo. Para garantizar un gran valor informativo de los resultados de los análisis respecto a la calidad del agua analizada, es muy importante que las muestras sean representativas, sobre todo cuando se trata de evaluar la calidad de cuerpos de agua naturales. Es muy importante elegir un lugar adecuado para el muestreo con el fin de garantizar que la muestra sea representativa. El lugar del muestreo debe no solo garantizar una fácil repetición del muestreo, sino también ser caracterizado y señalado y, de preferencia, que sea fácilmente accesible.

Antes de cada muestreo, es necesario pensar en que se quiere o se necesita saber sobre la calidad de un agua. Es muy importante establecer un plan de muestreo, antes de llevarlo a cabo, para poder preparar y llevar todo el equipo mínimamente necesario para la colecta y en su caso el análisis "in situ" y en su caso de llevar la muestra a laboratorio, garantizar que la muestra no cambie su calidad durante el lapso entre el muestreo y los análisis.

Para la toma de muestras es necesario saber que parámetros se van a determinar, para contar con el equipo necesario para su evaluación; ya que algunos se pueden realizar directamente en el campo (por ejemplo: temperatura, pH, sólidos disueltos totales, conductividad eléctrica, ORP). Sin embargo, en general para la toma de muestras de agua que se avalúen tanto en el campo como en el laboratorio, es necesario contar con frascos y botellas perfectamente lavadas. A cada botella se le pone un rótulo de identificación. Las determinaciones se deben empezar a realizar cuanto antes, si ello es imposible, se podrá añadir a cada muestra por lo menos unas gotas de cloroformo, esto para impedir que las bacterias se reproduzcan y se altere el agua, y si se van a transportar a un lugar lejano para el análisis, se deben de colocar en hielo (4°C). Las muestras nunca se deberán dejar guardadas varios días, ya que puede variar la composición química. Pueden ser guardadas en refrigeración por un corto tiempo antes de su análisis.

La toma de muestras para caracterizaciones físico-químicas es fácilmente accesible desde la orilla, como en charcas y depresiones poco profundas o de grandes extensiones de agua. En estos casos se toma la muestra directamente, para lo que son muy apropiadas las botellas de polietileno, son más ligeras que las de vidrio e irrompibles. Las muestras de agua deben almacenarse en contenedores perfectamente limpios y cerrados para no permitir pérdidas de componentes por volatilidad, ni entrada de aire (que favorezcan reacciones químicas o bilógicas).

Para la mayoría de los análisis, la refrigeración a baja temperatura (4°C) es suficiente para conservar las muestras de agua durante un tiempo suficientemente prolongado. A esta temperatura se reducen los efectos de reacciones químicas indeseables para el análisis y la actividad biológica minimiza las posibilidades de descomposición.

Una vez recogidas las muestras, deben de trasladarse lo antes posible al laboratorio de análisis. Si los componentes de la muestra son inestables, durante el traslado será muy conveniente emplear neveras portátiles rellenas con suficiente hielo o con cualquier otro sistema de refrigeración.

La tabla 4.1, presenta algunas condiciones de almacenamiento para los algunos analitos que se tratan en este texto.

Analito	Contenedor	Aditivo	Tiempo max
Alcalinidad	Polietileno		2 semanas
Calcio	Polietileno	HNO_3 pH$\leq$ 2	24 semanas
Dureza	Polietileno	HNO_3 pH$\leq$ 2	24 semanas
Cloruros	Polietileno		4 semanas

Tabla 4.1 Condiciones de almacenamiento de muestras, para cuando no se realizan inmediatamente los análisis.

Temperatura

Potencial calorífico referido a un cierto origen, por ejemplo la temperatura de fusión del hielo. Unidades: Se mide en grados centígrados o Celsius (°C) y en los países anglosajones en grados Fahrenheit (°F). °C = 5/9 (°F − 32).

Las aguas subterráneas tienen una temperatura muy poco variable, y responde a la media anual de las temperaturas atmosféricas del lugar, incrementado en el producto de la profundidad por el gradiente geotérmico. (1 °C cada 33 m en media, algo mayor en zonas tectónicas y volcánicas y algo menor en grandes cubetas sedimentarias). La temperatura afecta a la viscosidad del agua, capacidad de absorción de gases, etc. Aunque la temperatura del agua no es una característica química, afecta alguna de las propiedades geoquímicas (como la solubilidad de los gases y minerales). Sus mediciones deben ser directamente en campo. La temperatura deberá medirse con termómetro o con termistor". Debe medirse en el campo lo antes posible para evitar calentamientos o enfriamientos. Es preciso asegurarse de que la muestra representa la temperatura del agua del acuífero, y no la interior de una captación, tubería o depósito. La temperatura ideal de un agua está entre los 10 y 19 °C.

Fig. 4.1 Termómetros digitales y termómetros de mercurio.

Para medir la temperatura, el termómetro de mercurio o de sonda se debe sumergir directamente en el agua, procurando hacerlo en la sombra, de tal manera que no le dé directamente el sol. Mantener el termómetro dentro del agua por lo menos 30 segundos a un minuto. Se recomienda que se registre la lectura con el termómetro dentro del agua, para evitar posibles variaciones. La temperatura se registra en grados Celsius (°C).

Potencial de hidrógeno (pH)

La molécula de agua está formada por dos átomos de hidrógeno y uno de oxígeno, siendo por lo tanto su fórmula H_2O. Se trata de una molécula con enlaces covalentes y debido a que es algo asimétrica y a su fuerte polaridad, el agua posee propiedades singulares tanto desde un aspecto de vista químico como físico. Físicamente se caracteriza porque es un líquido entre 0 y 100 °C a presión atmosférica, con un calor específico muy elevado (1 cal/g °C, que es el valor medio entre 0 y 100 °C), y calores de vaporización (540 cal/g a 1 atm) y de congelación (80 cal/g) también muy elevados. Su tensión superficial es la más elevada conocida y moja con facilidad la mayoría de sustancias sólidas naturales. Presenta una notable anomalía dilato métrica, pues a 4 °C presenta un máximo de densidad (1 kg/litro) siendo algo menos densa a 0 °C y notablemente menos densa en estado sólido. El agua líquida es un cuerpo sólo muy débilmente iónico, efectuándose una disociación molecular de acuerdo con la reacción simplificada

$$H_2O \leftrightarrow H^+ + OH^{-1}.$$

34

A cualquier temperatura se cumple que:

$$[H^+] \, [OH^{-1}] = K$$

En donde K es una constante en función de la temperatura, cuyo valor es 1 x 10^{-14} a 25 °C. Si el agua es pura, el equilibrio iónico exige que $[H^+]$ = [OH-]. La concentración en hidrogeniones $[H^+]$ es una cifra muy importante, pero para evitar manejar cifras muy pequeñas, se emplea el pH que se define como pH = -log $[H^+]$. Para el agua pura a 25 °C es pH = 7. El agua es una sustancia químicamente muy activa que tiene gran facilidad de disolver y reaccionar con otras sustancias, tanto inorgánicas como orgánicas. Su poder ionizante y su constante dieléctrica son muy elevados, y es el disolvente más empleado y difundido.

Las sustancias disueltas pueden alterar el equilibrio de disociación del agua, alterando por lo tanto el pH. La disolución de NaCl apenas modifica este equilibrio, pero la adición de HCl o NaOH lo modifica muy fuertemente por aporte de H^+ u OH^{-1} produciéndose un agua ácida o un agua básica respectivamente. Muchas sustancias neutras, al disolverse reaccionan con el agua destruyendo este equilibrio, tal como hace la calcita ($CaCO_3$), que da una solución algo básica o alcalina, pues se establece la reacción $H^+ + CO_3^{-2} \leftrightarrow HCO_3^{-1}$, quedando un exceso de OH^{-1}. La existencia de ácidos o bases muy débilmente ionizados tienden a mantener casi constante el pH del agua cuando se intenta cambiarlo añadiendo pequeñas cantidades de ácidos o bases fuertes. A estas soluciones se las llama soluciones tampón y son relativamente frecuentes en la naturaleza debido a la presencia en el agua de CO_2 disuelto y HCO_3^{-1}. Esto explica por qué la mayoría de las aguas subterráneas tienen pH entre 6 y 8.5.

El pH del agua es una medida de la alcalinidad y acidez e indica la concentración de los iones de hidrógeno $[H^+]$ y se mide en una escala de 0 a 14. Las mediciones de este parámetro se consideran más exactas cuando son medidas en campo y a muy temprana hora ya que el pH puede modificarse a causa de cambios en la temperatura, escape o incorporación de gases en la muestra. El pH describe en forma general la composición del agua. Un pH de 7 indica que el agua es neutra, a valores menores indica acidez y a valores mayores un carácter básico.

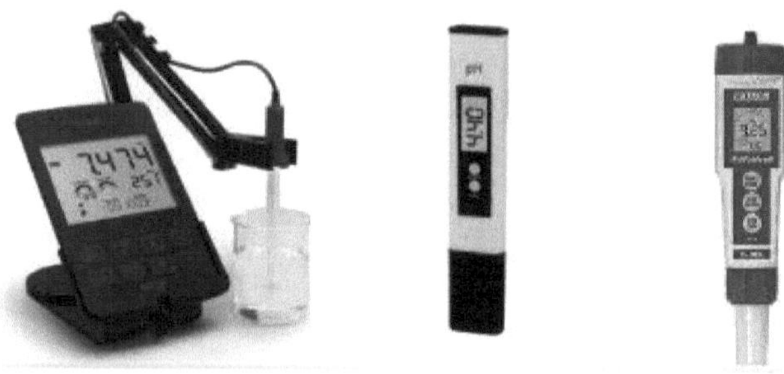

Fig. 4.2 Diferentes modelos de medidores digitales de pH.

Para medir el pH, actualmente se utilizan mucho los potenciómetros digitales (Fig. 4.2) que constan básicamente de un medidor que tiene un electrodo de vidrio y un electrodo de referencia. Para su manejo se requiere el uso de soluciones buffer de 4, 6.86 y 9 de pH. El ajuste y calibración del aparato se efectúa según el procedimiento indicado en el manual del fabricante, pero en forma general se procede de la siguiente manera:

Enjuague el electrodo con agua destilada. Introducir el electrodo en la solución buffer y mueva el botón de encendido en la posición pH. Mueva el ajuste del medidor al valor de pH que corresponda a la solución buffer. Regrese el botón a la posición de apagado. Enjuagar y limpiar el electrodo con agua destilada y secar con un papel suave.

Para la determinación del pH de la muestra de agua:
1) Introducir el electrodo en la muestra y colocar el botón de encendido en la posición de pH.
2) Leer el pH de la muestra, esperar a que el electrodo alcance el equilibrio (40 segundos).
3) Regresar el botón a la posición de apagado.

4) Enjuagar el electrodo con agua destilada y mantenerlo sumergido en ella mientras no esté en funcionamiento y/o tapar el electrodo.

5) El valor de pH se lee directamente en la caratula del potenciómetro.

Medición del pH con papel indicador.

En caso de no contar con un medidor de pH, se puede utilizar el papel pH, que es un indicador de color que puede ser empleado para dar diferentes colores sobre el rango completo de pH. Este método será una aproximación, ya que es inexacto. Para ello, se introduce una tirita de papel en la muestra de agua. Se producirá una serie de colores que puede ser comparada visualmente con una escala de color. Se anota el valor aproximado y se destruye la tirita de papel.

Conductividad eléctrica (CE).

Conocida también como resistividad. La conductividad es la capacidad de transporte eléctrico de un conductor. En el caso del agua, es la capacidad de conducir la electricidad. La conductividad eléctrica (CE) en el agua está caracterizada por el contenido de sales disueltas. El agua completamente pura no es conductora de la electricidad. La conductividad se mide en microsiemens por centímetro (μS/cm) o microohms por centímetro ($\mu\Omega$/cm). La conductividad aumenta con la temperatura, por lo que se debe medir sobre una temperatura de referencia (18°C o 25°C). Como la corriente eléctrica es transportada por iones en solución, mientras más iones hay en el agua mayor será su conductividad. Por tanto, el valor de la medida de CE es usado como un parámetro que sirve para estimar la cantidad total de solidos disueltos totales (SDT). Los sólidos totales disueltos en el agua en ppm o mg/L deben ser igual al valor de la conductividad de la muestra multiplicado por un factor que está entre 0.55 y 0.7. La siguiente ecuación puede utilizarse para calcular la cantidad de sólidos disueltos totales (SDT) a partir de la conductividad eléctrica (CE):

$$\text{SDT (mg/L)} = \text{CE } (\mu\text{S/cm}) \, (550 - 700)$$

La conductividad se determina por comparación de la medida de la resistencia eléctrica entre dos electrodos de una muestra de agua con la de una solución estándar de cloruro de potasio a 25°C. La conductividad eléctrica en aguas naturales dulces puede variar entre 100 y 2000 µS/cm. En la actualidad se utilizan mucho, los medidores portátiles digitales (Fig. 4.3).

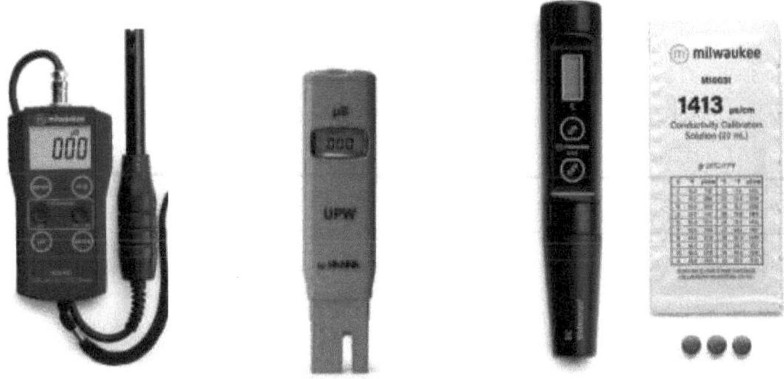

Fig. 4.3 Medidores de conductividad eléctrica, actualmente utilizados.

Sólidos Disueltos Totales (SDT)

Es un parámetro que sirve para evaluar el contenido de iones disueltos en agua, es decir, su contenido en sustancias minerales disociadas. Se recomienda hacer la prueba en el lugar de muestreo de agua natural.

El agua es un solvente capaz de disolver la mayoría de los sólidos en algún grado. De la mayoría de solutos encontrados en el agua subterránea, sólo una parte pequeña está presente en una cantidad mayor a una ppm bajo condiciones naturales típicas. Del total de sólidos disueltos en el agua los iones mayores ocupan del 95-99% del total, los menores del 1 al 3% y los traza alrededor del 0.1%. Los solutos que están en concentraciones mayores a la anterior se denominan iones mayores, y a los que están en menores cantidades se les llama elementos traza. Es importante resaltar que la abundancia relativa de los elementos que componen a los sólidos disueltos en el agua depende de su movilidad química. Conforme el agua subterránea migra en el subsuelo de las zonas de recarga a las zonas de descarga, cambia su composición química al disolver pequeñas cantidades de materiales que se encuentra en su camino, aumentando la cantidad de sólidos disueltos que contiene. Las normas oficiales establecen de preferencia hasta 500 ppm, tolerándose hasta 1000 ppm de sólidos disueltos totales en aguas dulces potables. Actualmente se emplean medidores digitales Fig. 4.4 para su determinación.

Potencial redox (ORP)

El potencial redox mide la tendencia de un sistema a oxidar o reducir una especie química. Los sistemas redox están en relación directa con el pH, el oxígeno disuelto, la presión y la temperatura. El potencial redox es muy importante en los procesos de disolución de sales por el ataque del agua a los minerales, ya que las especies químicas pueden cambiar su estado de valencia.

El potencial Redox o potencial de oxidación-reducción (ORP) se utilizan como una medida efectiva de la actividad de saneamiento en el agua potable, piscinas y balnearios.

Los electrodos de ORP fueron estudiados en la Universidad de Harvard en 1936. Estos estudios demostraron una fuerte correlación de ORP y la actividad bacteriana. En la desinfección del agua es muy importante tanto en la concentración de cloro libre y el tiempo de contacto con el agua así como el pH y la temperatura.

La medida en continuo del potencial Redox del agua tratada permite el ajuste de la cantidad de agente bio oxidante añadida al agua (dosificación), requerida para reaccionar con sustancias orgánicas e inorgánicas, y disminuir las concentraciones de las poblaciones bacterianas contenidas en el agua hasta los niveles deseados.

La Organización Mundial de la Salud (OMS), adoptó en 1971 un valor de 650 mV como valor adecuado para el agua potable, en general puede considerarse que con este valor mantenido durante 30 minutos el agua está adecuadamente desinfectada, aunque habrá que realizar un estudio individualizado para cada caso. El ORP no tiene relación directa con la concentración en ppm de desinfectante ya que mide la actividad de oxidación en el agua y no la concentración de oxidante (Cloro, Ozono, y otros desinfectantes oxidativos).

El potencial redox se mide electrométricamente utilizando un electrodo de referencia (Fig. 4.4). El ORP se debe determinar siempre en el lugar donde se toma la muestra, ya que pequeños cambios en las conducciones ambientales pueden producir importantes cambios en su valor.

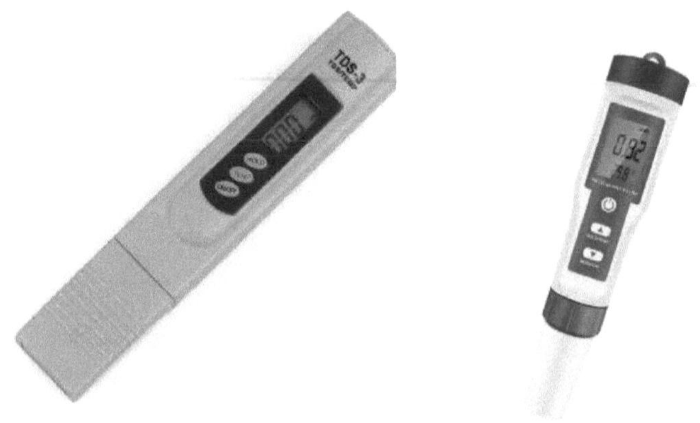

Fig. 4.4 Medidores digitales de SDT y ORP. Hoy existen medidores multiparamétricos, de fácil transporte y resultados confiables.

Capítulo 5. Determinación de Cloruros.

Cloruros en las aguas naturales.

El ion cloruro Cl⁻, está asociado, fundamentalmente, a las precipitaciones y su contenido depende de la altura y la distancia del punto muestreado al mar, así como del tipo del evento lluvioso. En los pozos ubicados en las llanuras litorales, un alto contenido de Cl⁻ puede estar asociado a la intrusión salina o los aportes de fuentes contaminantes. Este ion predomina en el agua de mar y en muchas aguas dulces particularmente en aquellas asociadas con los esquistos marinos y evaporitas. Forma en general sales muy solubles. Es muy estable en solución. No se oxida, ni reduce en aguas naturales. En general va asociado con el ion Na^+, en especial en agua muy salinas, pero el número de miliequivalentes de ambos iones no es necesariamente igual. Las concentraciones de este ion están entre 10 y 250 ppm en aguas dulces, no siendo raro encontrar contenidos mucho mayores hasta varios miles de ppm. Más de 300 ppm comunican sabor salado al agua de bebida, pero no es perjudicial por lo menos hasta algunos miles de ppm. Es esencial para la vida. Contenidos elevados son perjudiciales para muchas plantas y comunican corrosividad al agua. El límite permitido por Normas Internacionales es de 250 ppm para agua potable.

Para su análisis en el laboratorio se utiliza la valoración con $AgNO_3$, usando como indicador Ag_2CrO_4 (Método de Mohr) con viraje de amarillo a naranja-rojizo.

Método de Mohr

Existe en el análisis volumétrico un grupo de reacciones de sustitución en las que uno de los productos es insoluble, y por esto, a los métodos que tienen como base la formación de un precipitado, se les denomina volumetría de precipitación. Entre las reacciones más importantes de éste tipo intervienen los iones plata $[Ag^+]$, por lo que recibe el nombre de Argentometría. Karl Friedrich Mohr, en 1856, propuso el empleo de una solución de cromato de potasio, como indicador del final de la reacción entre los iones cloro $[Cl^-]$ y los iones de plata $[Ag^+]$. Este método, conocido con el nombre de su autor, se basa en las diferentes solubilidades del cloruro de plata (AgCl) y del cromato de plata (Ag_2CrO_4) y se puede explicar de la siguiente manera: si a una solución neutra de un cloruro, se adiciona una pequeña cantidad de cromato de potasio, y se titula con solución valorada de nitrato de plata ($AgNO_3$), hay la tendencia a la formación de dos precipitados: el de cloruro de plata (AgCl, blanco), y el de cromato de plata (Ag_2CrO_4, rojo naranja), pero siendo más insoluble el primero, en tanto existan iones cloruro [Cl^-] en la solución tendrá lugar la formación del cloruro de plata; y solo cuando todo el cloruro ha precipitado, un ligero exceso de los iones de plata [Ag^+] producirá cromato de plata, que permanece e imparte al líquido una coloración rojizo-naranja, que indica el final de la valoración.

Principio teórico.

Esta metodología parte en principio del equilibrio en que se funda la reacción entre los iones [Ag^+] y iones [Cl^-] según la reacción:

$$Ag^+ \ + \ Cl^- \ \rightarrow \ AgCl \ (\text{blanco}) \ Kps = 1.8 \times 10^{-10}$$

Curvas de valoración del ion cloruro [Cl^-] = 0.1 M, utilizando $AgNO_3$ 0.1 M se presentan, como en el de la Fig. 5.1

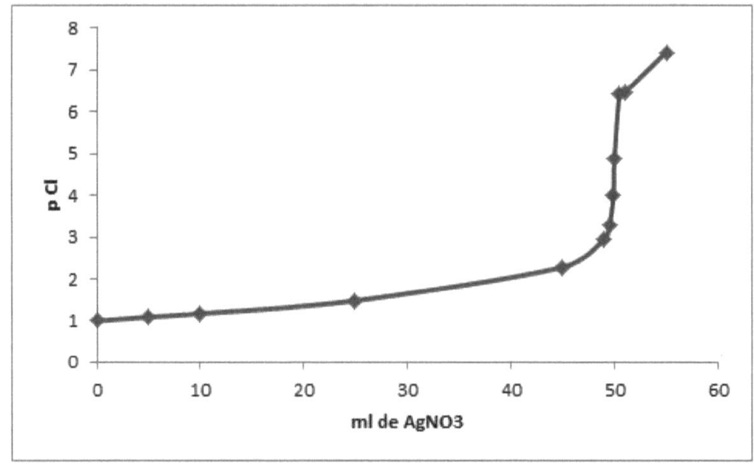

Fig. 5.1 Curva de valoración de cloruro con nitrato de plata.

En el punto de equivalencia, la $[Cl^-] = [Ag^+]$, entonces:

$$[Cl^-] = [Ag^+] = \sqrt{Kps}$$

Y el pCl = - log [1.34 x 10^{-5}] = 4.87

En la determinación del ion cloruro por valoración con plata, el punto final debe presentarse cuando la concentración del ion que se valora ha descendido a 1.34 x 10^{-5} mol/L o cuando la concentración del ion del reactivo valorante es ligeramente superior a 1.34 x 10^{-5} mol/L.

El punto final en este método está determinado por la primera formación de un precipitado de color rojo naranja de cromato de plata que aparecerá cuando la precipitación del cloruro de plata es completa; el indicador será una solución de cromato de potasio (K_2CrO_4).
$$Ag^+ + Cl^- \rightarrow AgCl \text{ (blanco)}, Kps = 1.8 \text{ x } 10^{-10}$$
$$2\,Ag^+ + CrO_4^{-2} \rightarrow Ag_2CrO_4 \text{ (rojo)}, Kps = 1.3 \text{ x } 10^{-12}$$

Como el cromato de plata es más soluble que el cloruro de plata. Cuando los iones plata se adicionan a una solución que contienen una gran concentración de iones cloruro y una poca concentración de iones cromato, el cloruro de plata se precipitará primero; el cromato de plata no se formará hasta que la concentración de plata aumente lo suficiente para que exceda la Kps del cromato de plata.

Al saber, que la sedimentación de cualquier precipitado empieza después de que el producto de las concentraciones de los iones que lo constituyen se vuelve mayor que el producto de solubilidad, no es difícil calcular cual debe ser la concentración del ion $[CrO_4^{-2}]$ para que el precipitado de Ag_2CrO_4 se forme sólo cuando prácticamente todos los iones Cl^{-1} sean valorados. Es decir, se puede calcular la concentración de cromato que ocasionará la precipitación de cromato de plata en el punto de equivalencia:

$$Kps\ Ag_2CrO_4 = 1.3 \text{ x } 10^{-12} \text{ por consiguiente:}$$
$$[Ag^+]^2 [CrO_4^{-2}] = 1.3 \text{ x } 10^{-12} \text{ de donde:}$$

$$[CrO_4^{-2}] = \frac{1.3 \; x \; 10^{-12}}{[Ag+]^2}$$

Y como en el punto de equivalencia [Cl⁻] = [Ag⁺] = 1.34 x 10⁻⁵

$$[CrO_4^{-2}] = \frac{1.3 \; x \; 10^{-12}}{(1.34 \; x \; 10^{-5})^2} = 0.0072 \; M$$

Según este cálculo, la concentración de ion cromato debe ser ligeramente superior a 0.0072 mol/L para que se forme el Ag_2CrO_4 en el punto de equivalencia de la valoración con ion plata. En la práctica, una solución de K_2CrO_4 al 5%, cumple las expectativas para ser un buen indicador en esta valoración.

Cabe notar, que puesto que el precipitado de Ag_2CrO_4, se disuelve bien en ácidos, todas las determinaciones, que se efectúen por este método, deben realizarse en un medio neutro o muy débilmente alcalino dentro de los límites del pH bastante estrechos, ósea, de 7 a 10. Para el caso de las aguas naturales, el pH estará dentro de los límites permitidos.

Material:

1 micro bureta de 1 mL
1 micro soporte
1 bureta volumétrica de 3 mL
1 matraz Erlenmeyer de 25 mL

Reactivos:

1.- Cromato de potasio: Disolver 5 g de Ag_2CrO_4 en 100 mL de agua destilada. Guardar en frasco gotero.

2.- Solución valorada de $AgNO_3$ al 0.01 N

Procedimiento:

1.- Tomar una muestra de agua de 3 mL y colocarla en el matraz Erlenmeyer.

2.- Adicionar una gota de solución de cromato de potasio al 5%.

3.- Proceder a titular con la solución de $AgNO_3$ al 0.01 N hasta la aparición de una coloración rojizo-naranja.

Cálculos:

La concentración del ion cloruro, en la muestra expresada en mg/L se puede obtener mediante la siguiente expresión:

Ejemplo: Una muestra de 3 mL de agua, requiere de 0.23 mL de una solución de $AgNO_3$ 0.01 M. Calcular la concentración de cloruros.

Métodos volumétricos a microescala para el análisis de agua en campo.

Muestreo de agua superficial y subterránea.

Capítulo 6. Determinación de la Alcalinidad

Alcalinidad en las aguas naturales.

La alcalinidad del agua es su capacidad de neutralizar ácidos, y es la suma de todas las bases titulables. El valor medido puede variar significativamente con el pH de punto final empleado. La alcalinidad es la medida de una propiedad agregada del agua y se puede interpretar en términos de sustancias específicas, solo cuando se conoce la composición química de la muestra. Debido a que la alcalinidad de muchas aguas superficiales es primariamente una función del contenido de carbonato (CO3 =), bicarbonato (HCO3 -) es hidróxido (OH-), se toma como un indicador de la concentración de estos constituyentes. Los valores medidos también pueden incluir contribuciones de boratos, fosfatos, silicatos u otras bases que estén presentes. Es una medida de la capacidad de un agua para neutralizar un ácido fuerte. En aguas naturales esta capacidad se puede atribuir a las concentraciones de HCO_3^-, CO_3^{-2} y OH^-.

El origen de la presencia de carbonato y bicarbonato en las aguas naturales o superficiales puede ser diverso: disolución del dióxido de carbono atmosférico

$$CO_2 + 2\,H_2O \leftrightarrow H_3O^+ + HCO_3^-$$

La disolución de rocas carbonatadas:

$$CaCO_3 + 2\,H_3O^- \leftrightarrow Ca^{+2} + 2\,HCO_3^- + 2\,H_2O$$

$$HCO_3^- + H_3O^+ \leftrightarrow H_2CO_3 + H_2O$$

$$H_2CO_3 \leftrightarrow CO_2 + H_2O$$

Entonces, la alcalinidad es igual también a la dureza de carbonato y es la capacidad cuantitativa de un agua para reaccionar con los iones hidronio H_3O^+ o H^+. Generalmente, la alcalinidad es la suma del contenido de iones carbonato, bicarbonato e hidróxido, pero también puede incluirse otros aniones como boratos, fosfatos, silicatos. Afortunadamente, dado que el pH de las agua naturales suele encontrarse entre 6 y 8.5, el anión predominante será el bicarbonato HCO_3^-, como se observa en la figura 6.1 .

Es una medida de la capacidad de neutralizar un ácido. Es usada para determinar las cantidades de carbonato y bicarbonato en el agua, bajo "la suposición" de que otras especies químicas se consideran mínimas. El carbonato y bicarbonato comunican alcalinidad al agua dándole capacidad de consumo de ácido. La disolución de rocas calizas y dolomías, es la fuente de bicarbonato y carbonato. El agua dulce puede tener entre 50 y 350 ppm de bicarbonato (el agua subterránea cerca de 200 ppm). El ion carbonato está en concentraciones mucho menores que el bicarbonato. Si el pH < 8.3 se le considera cero. En aguas alcalinas con pH > 8.3 puede haber cantidades importantes de carbonato. Normalmente, todas las aguas dulces superficiales y subterráneas tienen un pH< 8.3, por lo tanto la alcalinidad solo será función de la concentración del ion bicarbonato, HCO_3^-.

Según la Secretaría de Salubridad y asistencia la cantidad máxima de alcalinidad total, expresada como $CaCO_3$, que puede contener el agua para consumo humano es de hasta 400 ppm.

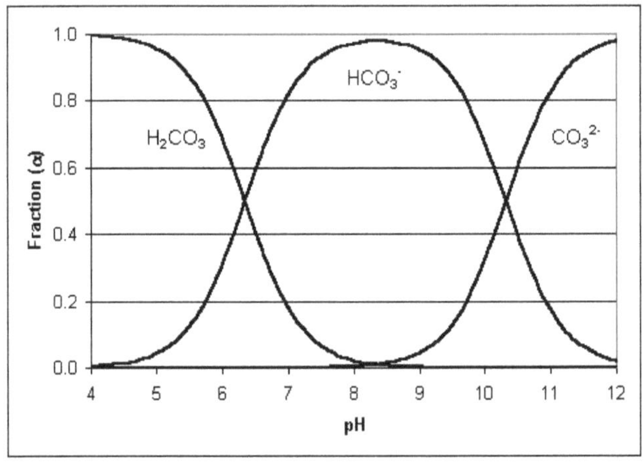

Fig. 6.1 Influencia del pH sobre el equilibrio de las especies carbonatadas. En aguas dulces naturales el pH está entre 6 y 9. Por lo tanto la especie dominante será el bicarbonato HCO_3^-.

Principio teórico

En la determinación de la alcalinidad un volumen conocido de muestra se titula con una solución estándar de un ácido fuerte hasta un valor de pH en el intervalo aproximado de 3.8 a 4.8. Este punto final casi siempre se detecta por el cambio de color del indicador naranja de metilo. El H^+ agregado es la cantidad estequiométrica que se requiere para las reacciones siguientes; así pues, se supone que a un pH de 8.3, las reacciones:

$$OH^- + H^+ \leftrightarrow H_2O \quad y \quad CO_3^{-2} + H^+ \leftrightarrow HCO_3^-$$

Son completas, y alrededor de un pH de 3.8 a 4.8, la reacción

$$HCO_3^- + H^+ \leftrightarrow H_2CO_3$$

Es completa. Si al colocar el indicador fenolftaleína a una muestra de agua, se vuelve incolora, se establece que la única especie causante de la alcalinidad será el bicarbonato HCO_3^-.

En el curso de la interacción entre el ion bicarbonato y el ácido fuerte se verifican las reacciones:

$$H_2CO_3 \leftrightarrow H^+ + HCO_3^{-2}, \quad K_1 = 4.6 \times 10^{-7}, pK_1 = 6.34$$

$$HCO_3^- \leftrightarrow H^+ + CO_3^{-2}, \quad K_2 = 5.6 \times 10^{-11}, pK_2 = 10.25$$

De esta manera, al principio de la valoración se encuentra la solución de bicarbonato y en el punto de equivalencia la solución de H_2CO_3. Por consiguiente el pH de la solución se determina por la proporción entre estas dos sustancias. Si se supone la valoración de una solución de bicarbonato 0.01 M con una solución de ácido fuerte 0.01 M. El valor de pH de la solución de partida de bicarbonato puede calcularse según la fórmula para hallar el pH de las disoluciones de ácidos dibásicos débiles:

$$pH = \frac{pK_1 + pK_2}{2} = \frac{6.34 + 10.25}{2} = 8.3$$

El punto final de esta valoración se determina, partiendo del hecho de que en el punto de equivalencia todo el bicarbonato se transforma en el ácido débil H_2CO_3, cuya concentración molar será aproximadamente de 0.05 M, por tanto:

$$pH = \frac{pK_1 + pC_{ácido}}{2} = \frac{6.34 + 1.30}{2} = 3.84$$

Valor de pH que viene a caer en el punto medio del intervalo de viraje del anaranjado de metilo (3.1 a 4.4). En esto, está basada la determinación de la alcalinidad en una mezcla de hidróxidos o de carbonatos o de carbonatos y bicarbonatos, ya que al agregar un ácido valorado en presencia de fenolftaleína, el cambio de color se efectúa cuando se neutralizan todos los hidróxidos y solo la mitad de los carbonatos que pasan a bicarbonatos. El bicarbonato formado produce una solución cuyo pH es de 8.3, ósea decolora la fenolftaleína; si se añade naranja de metilo, frente al cual la solución todavía es alcalina, puesto que este indicador cambia entre 3.2 y 4.4, al agregar ácido valorado hasta que el color amarillo pase a un color naranja-mamey.

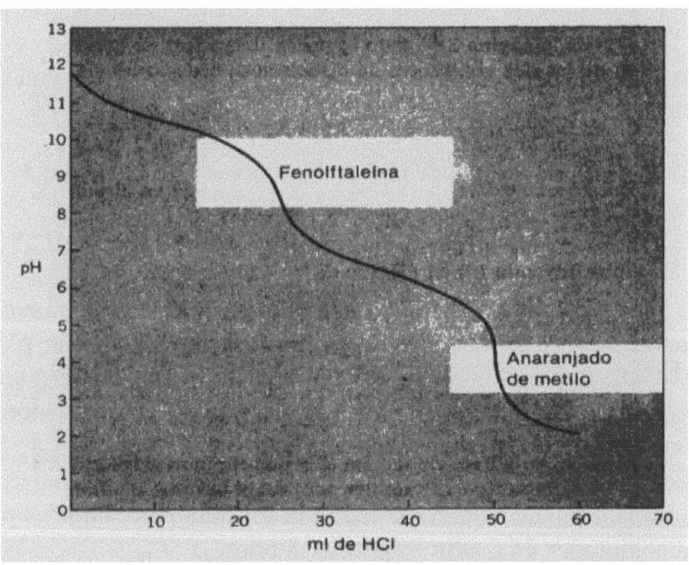

Figura 6.2 Curva de valoración de un carbonato con ácido fuerte.

Lo que se acostumbra es titular es el ion carbonato como una base con un ácido fuerte; en este caso se obtienen dos inflexiones como se muestran en la figura 6.2.

Por fortuna las aguas naturales se encuentran con pH < 8.3 y por lo tanto, es común que la forma predominante de la alcalinidad sean los bicarbonatos, por lo que se puede suponer que esta forma es la que genera la mayoría de la alcalinidad total de la muestra.

Material:

1 micro bureta de 1 mL
1 micro soporte
1 pipeta volumétrica de 3 mL
1 matraz Erlenmeyer de 25 mL

Reactivos:

1. Solución de anaranjado de metilo. Se disuelven 0.05 g del indicador en 100 mL de agua destilada.
2. Solución valorada de H_2SO_4 0.02 N

Procedimiento:

1.- Tomar una muestra de 3 mL de agua y colocarlos en el matraz Erlenmeyer de 25 mL.

2.- Adicionar 1 o 2 gotas del indicador naranja de metilo.

3.- Proceder a titular la solución con el H_2SO_4 0.02 N, hasta el cambio de color de amarillo a color mamey.

Cálculos:

La alcalinidad total, expresada como mg de $CaCO_3$, por litro, se calcula mediante la siguiente expresión:

$$Alcalinidad\ total\ como\ CaCO_3 = \frac{V_{ácido}N_{ácido}\,(50000)}{V_{muestra}}$$

Ejemplo: El pH de una muestra de agua es de 7.47. Una muestra de 3 mL, se titula con 0.78 mL de una solución de H_2SO_4 0.02 N. ¿Cuál será la alcalinidad de esta agua?

$$Alcalinidad = \frac{(0.78)(0.02)(50000)}{3} = 260 \; ppm$$

Para calcular la concentración de $[HCO_3^{-1}]$ se puede utilizar la siguiente relación:

$$[HCO_3^-] = \frac{V_{ácido} N_{ácido} \, (61\,000)}{V_{muestra}}$$

Capítulo 7. Determinación de la Dureza.

Dureza en las aguas naturales.

Las aguas naturales contienen diversas cantidades de sales y son de composición muy variable. Algunas de ellas, cuando se emplean para el lavado con los jabones ordinarios, precipitan grupos y por ello se les llaman aguas "duras". La dureza del agua se debe principalmente a la cantidad de metales alcalino térreos disueltos. La mayoría de estos iones son los cationes Ca^{+2} y Mg^{+2}. La presencia de carbonatos, sulfatos y cloruros de calcio y magnesio producen la dureza del agua. Los iones metálicos disueltos divalentes y trivalentes como el hierro, manganeso, aluminio y zinc aunque en menor cantidad, también contribuyen a la dureza del agua. El agua dura se halla principalmente en las regiones donde abundan las rocas calizas. Las aguas blandas se encuentran en regiones donde dominan rocas cristalinas como el granito, gneis, basalto y esquisto. El agua blanda contiene mucho menos cantidades de estos alcalinotérreos y siempre es mejor para cualquier aplicación. También el agua de la lluvia es blanda.

Los cationes alcalinotérreos disueltos no se encuentran solos en el agua, sino que tienen como contraparte aniones sobre todo el carbonato (CO_3^{-2}), el bicarbonato (HCO_3^-) y el sulfato (SO_4^{-2}). Por tanto, las concentraciones de los cationes dependerán de un conjunto complejo de equilibrios de disolución y de disociación química del sistema: carbonato↔bicarbonato↔ácido carbónico.

En el caso de los carbonatos de calcio y magnesio como la caliza o dolomita además del equilibrio:

$$CaCO_{3(sólido)} \leftrightarrow Ca^{+2}_{(disuelto)} + CO_3^{-2}{}_{(disuelto)}$$

En el cual se forman los aniones carbonato, estos aniones forman parte de otra serie de equilibrios:

$$CO_3^{-2} + H_3O^+ \leftrightarrow HCO_3^- + H_2O$$

$$CO_{2(gas)} + H_2O \leftrightarrow H_2CO_3$$

$$H_2CO_3 + H_2O \leftrightarrow H_3O^+ + HCO_3^-$$

De esta serie de equilibrios, se puede ver que tanto el pH como la presencia de bióxido de carbono influyen sobre la solubilidad de los carbonatos.

El calcio es el quinto elemento más abundante en la corteza terrestre. Está presente en la mayoría de las aguas debido a la alta solubilidad de las rocas que lo contienen. Las sales de calcio son las responsables de la formación de depósitos en tuberías y sistemas de calentamiento de aguas.

El origen del magnesio en el agua se explica por la disolución de rocas que contienen de minerales ferromagnésicos (arcillas) y de algunas rocas carbonatadas (dolomita). Además se encuentra formando parte de muchos compuestos organometálicos y en la materia orgánica natural.

La clasificación del agua respecto a la cantidad de mg por litro de carbonato de calcio se clasifica en:

Dureza como $CaCO_3$ (mg/L)	Tipo de agua
0 a 75	Agua dulce
75 a 150	Agua medianamente dura
150 a 300	Agua dura
>300	Agua muy dura

Principio teórico para determinar la dureza total

El método para determinar la dureza del agua supone el uso de soluciones de ácido etilendiaminotetracético o de sus sales de sodio como agente titulador. Dichas soluciones forman "iones complejos solubles" con el calcio, magnesio y otros iones causantes de la dureza. En los años 1940 Schwartzenbach introdujo un importante grupo de reactivos que forman complejos quelatos con los metales. Estos reactivos se conocen como "complexonas", el más importante es $(HOOCCH_2)_2N\text{-}CH_2\text{-}CH_2\text{-}N(CH_2CCOOH)_2$, llamado normalmente EDTA y representado como H_4Y. Es insoluble en agua, pero su sal disódica $Na_2H_2Y_2$ es muy soluble:

$$\left[\begin{array}{c} NaOOCCH_2 \\ \\ NaOOCCH_2 \end{array} \Big\rangle NCH_2CH_2N \Big\langle \begin{array}{c} CH_2COONa \\ \\ CH_2COONa \end{array} \right] 4H_2O$$

La especie neutra del EDTA corresponde a un ácido tetraprótico (H4Y). A continuación se presentan algunos de sus equilibrios de disociación:

$$H_4Y + H_2O \leftrightarrow H_3O^+ + H_3Y^- \qquad Ka1 = 1.02 \times 10^{-2}$$

$$H_3Y^- + H_2O \leftrightarrow H_3O^+ + H_2Y^{-2} \qquad Ka2 = 2.14 \times 10^{-3}$$

$$H_2Y^{-2} + H_2O \leftrightarrow H_3O^+ + HY^{-3} \qquad Ka3 = 6.92 \times 10^{-7}$$

$$HY^{-3} + H_2O \leftrightarrow H_3O^+ + Y^{-4} \qquad Ka4 = 5.50 \times 10^{-11}$$

Como en todo ácido poliprótico, la abundancia de las distintas especies depende del pH del medio. Esto puede observarse en la figura, donde se grafican las fracciones de cada especie en función del pH. En todo momento la suma de todas las fracciones debe dar 1. En la figura 7.1, se muestra la distribución de las especies de EDTA en función del pH.

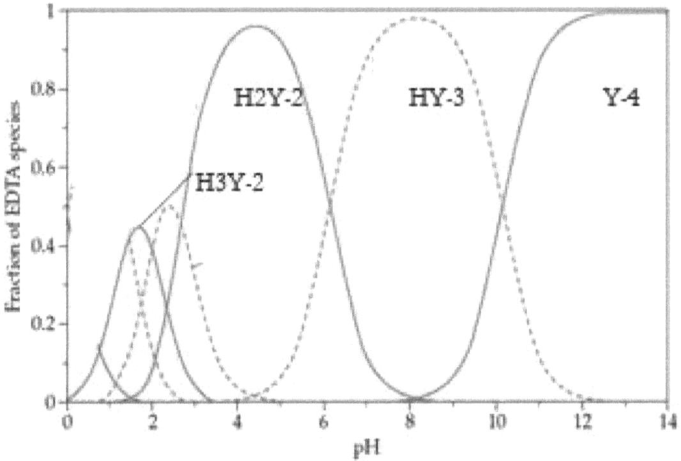

Fig. 7.1 Distribución de las especies de EDTA en función del pH.

El EDTA forma con los iones metálicos complejos 1:1 que puede esquematizarse de la siguiente manera:

$$M^+ + H_2Y^{-2} \leftrightarrow MY^{-3} + 2H^+$$

$$M^{+2} + H_2Y^{-2} \leftrightarrow MY^{-2} + 2H^+$$

$$M^{+3} + H_2Y^{-2} \leftrightarrow MY^{-1} + 2H^+$$

Los cationes de elevada carga iónica forman los complejos más estables y tienen existencia en soluciones más ácidas. La estructura tridimensional de los complejos metal-EDTA se presenta en la figura 7.2

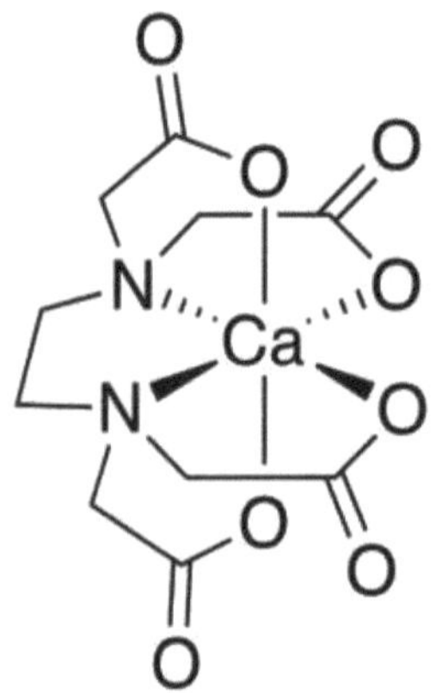

Fig. 7.2 Estructura tridimensional del complejo Ca-EDTA

El calcio, al igual que el magnesio, forma estructuras muy semejantes que pueden expresarse de la siguiente manera:
$$Ca^{+2} + H_2Y^{-2} \rightarrow CaY^{-2} + 2 H^+$$
$$Mg^{+2} + H_2Y^{-2} \rightarrow MgY^{-2} + 2 H^+$$

El indicador para la reacción, cuando se titula Ca^{+2} y Mg^{+2} en agua, debe revelar la presencia de un ligero exceso de Na_2Y^{-2}. Dicho indicador ampliamente utilizado para ello, es el negro de eriocromo T, que sirve para indicar cuando todos los iones de calcio y magnesio han formado complejo con EDTA. Cuando se añade una pequeña cantidad de negro de eriocromo T, color azul, a un agua con pH = 10, el indicador se combina con el Mg^{+2} según la siguiente reacción:

$$Mg^{+2} + HIn^{+2} \text{ (azul)} \rightarrow MgIn^{-1} \text{ (rojo)} + H^+$$

Durante la titulación de una solución que contenga tanto Ca^{+2} como Mg^{+2}, el EDTA reaccionará así:

1. Primero con Ca^{+2} hasta que la concentración del calcio sea muy baja:

56

$$Ca^{+2} + H_2Y^{-2} \rightarrow CaY^{-2} + 2H^+$$

2. Luego con el Mg^{+2}:

$$Mg^{+2} + H_2Y^{-2} \rightarrow MgY^{-2} + 2H^+$$

3. Luego con el complejo de color rojo del indicador a base de magnesio, $MgIn^{-1}$ o Mg-NET. La desaparición de parte del color rojo, identifica el punto de vire. Dicha desaparición es provocada por el ligero exceso de EDTA, el cual separa al Mg^{+2} del $Mg\text{-}In^{-1}$ de color rojo, dejando al HIn^{-2} de color azul (estable a un pH=10).

Mg-NET (rojo) + EDTA $\leftrightarrow$ Mg-EDTA + NET (azul), o

$MgIn^{-1}$ (rojo) $+ H_2Y^{-2}$ $\leftrightarrow$ MgY^{-2} + HIn^{-2} (azul) $+ H^+$

Dureza por calcio

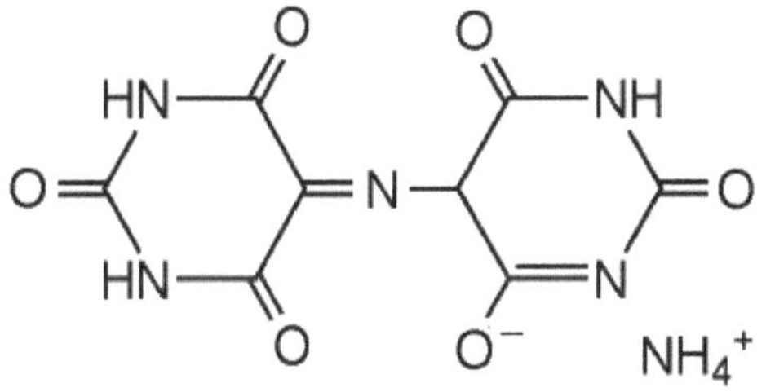

Cuando se añade una solución de EDTA a un agua que contiene calcio y magnesio, el EDTA reacciona primero con el calcio y luego con el magnesio. Si se eleva suficiente el pH para que el magnesio precipite como hidróxido y se utiliza un indicador, que se combine solo con el calcio, se puede determinar directamente el contenido de calcio en el agua. El indicador usado es el purpurato de amonio o murexida cuya fórmula es: $C_8H_4O_6N_5$ (NH_4), mezclada con cloruro de sodio. La reacción puede presentarse de la siguiente forma: El ion Ca^{+2}, reacciona con la sal sódica de murexida de color púrpura para dar un complejo de color rosa:

$$2\,(C_8H_4O_6N_5Na)\ (\text{púrpura})\ + Ca^{+2}\ \leftrightarrow\ (C_8H_4O_6N_5)_2Ca\ (\text{rosa})$$

Al titular con EDTA, este forma complejo primero con el calcio que estaba en la solución y luego con el que se había incorporado al indicador, haciéndolo volver a su color original e indicando el punto final de la titulación. La reacción puede indicarse en la forma siguiente:

[Mur]$_2$Ca (rosa) + EDTA ↔ EDTA-Ca + 2 [Mur] (purpura)

La valoración con EDTA debe hacerse a pH alcalino (entre 12 y 13), con el objeto de que el ion magnesio se encuentre precipitado como hidróxido y no reaccione con el EDTA.

Dureza total (Ca + Mg)

La muestra de agua se lleva a un pH 10 empleando solución reguladora cloruro de amonio-hidróxido de amonio y agregando negro de eriocromo-T, como indicador. El indicador forma un compuesto débilmente disociado, rojo vino con los iones magnesio. Durante la titulación con solución valorada de EDTA, primero se eliminan de la solución los iones calcio, después los iones magnesio y, en el punto final, el magnesio, del complejo rojo vino, magnesio-negro de eriocromo-T produciendo un cambio de color nítido de rojo vino a azul.

La dureza total en aguas dulces puede alcanzar una concentración máxima de hasta 300 mg/L.

Material:
1 micro bureta de 1 mL
1 micro soporte
1 pipeta volumétrica de 3 mL
1 matraz Erlenmeyer de 25 mL

Reactivos:

EDTA 0.01 M
Negro de eriocromo-T
Solución Buffer a pH = 10 (Disolver 16.9 g de cloruro de amonio en 143 mL de hidróxido de amonio concentrado y diluir a 260 mL en agua destilada).

Procedimiento:

1.- Se colocan en el matraz Erlenmeyer 3 mL de la muestra de agua.

2.- Se adicionan 2 gotas de la solución Buffer a pH = 10 y se agita la muestra.

3.- Se coloca con la ayuda de un tubo capilar o una pequeña espátula, unos cuantos cristalitos del indicador negro de eriocromo-T (la solución tomara una coloración rojo vino).

4.- Se procede a titular con la solución de EDTA 0.01 M, gota a gota y agitando hasta el punto de vire, cuando la solución cambia de color rojo vino a azul.

La dureza del agua, expresada en mg $CaCO_3$/L se calculará por medio de la ecuación:

$$Dureza = \frac{V_{EDTA} M_{EDTA} (100)(1000)}{V_{MUESTRA}}$$

Dureza por calcio:

La muestra de agua se lleva a un pH de 12 utilizando solución de hidróxido de sodio para la precipitación del magnesio. El indicador murexida forma un complejo de color rosa con el calcio. Luego se valora con solución de EDTA hasta el punto de equivalencia pasando la solución a un color púrpura.

Material:
1 micro bureta de 1 mL
1 micro soporte
1 pipeta volumétrica de 3 mL
1 matraz Erlenmeyer de 25 mL

Reactivos:
EDTA 0.01 M
Hidróxido de Sodio 1 M

Murexida al 1% en cloruro de sodio

Procedimiento:

1.- Colocar 3 mL de la muestra de agua en el matraz Erlenmeyer.

2.- Adicionar 2 gotas de la solución de hidróxido de sodio 1M, para lograr un pH aproximado de 12.

3.- Con la ayuda de una pequeña espátula, adicionar una muy pequeña cantidad del indicador murexida y agitar perfectamente hasta obtener una coloración rosada.

4.- Titular con EDTA 0.01 M hasta el punto de vire de la solución, que pasa de color rosa pálido a púrpura. Para apreciar mejor este cambio, se recomienda preparar un blanco, utilizando agua destilada, solución de hidróxido de sodio y una pizca del indicador murexida.

La concentración del ion calcio, expresada en mg/L, se calculará por medio de la siguiente ecuación:

$$Calcio = \frac{V_{EDTA} M_{EDTA} (40.08)(1000)}{V_{MUESTRA}}$$

La dureza por magnesio se puede obtener de forma calculada entre la diferencia de la dureza total y el contenido de calcio. La concentración de magnesio expresa en mg/L, se determina por diferencia entra ambas (teniendo en cuenta los pesos moleculares):

$$Magnesio = \left[Dureza - \frac{Calcio\ (100)}{40.08}\right]\frac{24.30}{100}$$

Ejemplo: Una muestra de 3 mL de agua de un manantial se acondiciona a un pH=10 con solución buffer y se adiciona una micro pizca de negro de eriocromo T. Se titula con 0.74 mL de solución de EDTA 0.01M. Calcular la dureza del agua.

$$Dureza = \frac{(0.74)(0.01)(100000)}{3} = 246.66\ ppm$$

Ejemplo: Una muestra de 3 mL de agua de un manantial se lleva a un pH= 12 con NaOH y se adiciona una micro pizca de indicador murexida. Se titula con 0.58 mL de solución de EDTA 0.01 M. Calcular la concentración de Calcio y Magnesio en la muestra de agua.

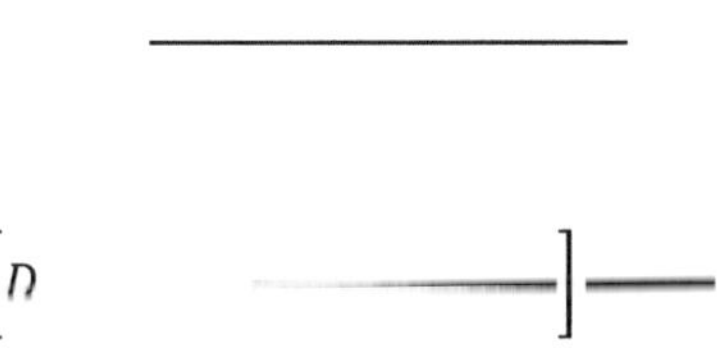

Ejemplo: Una muestra de agua de 3 mL se coloca en un matraz de 25 mL y se adicionan 2 gotas de buffer, pH=10. Se añade una micro pizca de negro de eriocromo T. Luego se titula con una solución de EDTA 0.01 M, gastándose 0.87 mL. Otra muestra de 3 mL de agua se lleva a un pH de 12 con NaOH y se adiciona una micro pizca de indicador murexida. Se titula con 0.73 mL de EDTA 0.01 M. Calcular la dureza total y las concentraciones de calcio y magnesio.

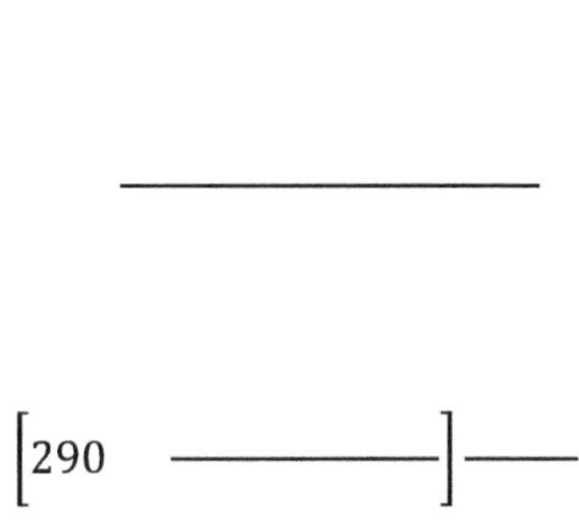

Toma de muestras de agua de goteo de estalactitas en el interior de la Cueva "El Nuevo San Joaquín" en la Sierra Gorda Queretana.

Capítulo 8. Determinación de sulfatos.

Sulfatos en las aguas naturales.

Los sulfatos (SO_4^{-2}) después de los bicarbonatos, son los principales aniones presentes en el agua; los cuales pueden presentarse de manera natural o como consecuencia de descargas de aguas industriales y por la utilización de fertilizantes agrícolas. Cuando los sulfatos se presentan de manera natural es posible que su origen se deba a algún depósito natural de minerales o por depositación atmosférica, Figura (8.1).

El sulfato (SO_4^{-2}) se encuentra en casi todas las aguas naturales. La mayor parte de los compuestos sulfatados se originan a partir de la oxidación de las menas de sulfato, la presencia de esquistos, y la existencia de residuos industriales. El sulfato es uno de los principales constituyentes disueltos de la lluvia. Una alta concentración de sulfato en agua potable tiene un efecto laxativo cuando se combina con calcio y magnesio, los dos componentes más comunes de la dureza del agua.

Los sulfatos son compuestos que se encuentran presentes en el agua de forma natural, debido al lavado y la disolución parcial de materiales del terreno por el que discurre (formaciones rocosas compuestas de yeso principalmente y suelos sulfatados). Se han encontrado altas concentraciones tanto en las aguas subterráneas como en las superficies que proceden de fuentes naturales, es decir que no han estado sometidas a contaminación antropogénica. Éstos compuestos también pueden aparecer en el agua a través de los desechos y vertidos industriales.

Los sulfatos, tal y como aparecen en el agua de consumo, no son tóxicos, sin embargo en muy grandes concentraciones, se ha observado un efecto laxante acompañado de deshidratación e irritación gastrointestinal. Estas aguas tienen un sabor amargo rechazable inmediatamente por los consumidores. Así pues, la presencia de sulfatos en el agua de consumo puede causar un sabor perceptible por el consumidor, produciendo un sabor amargo o medicinal no agradable. Los umbrales de sabor oscilan entre 250 mg/l y 1000 mg/l según el tipo de sulfato asociado al sodio y calcio, respectivamente. Se considera que la alteración del sabor es mínimo para concentraciones inferiores a 250 mg/l.

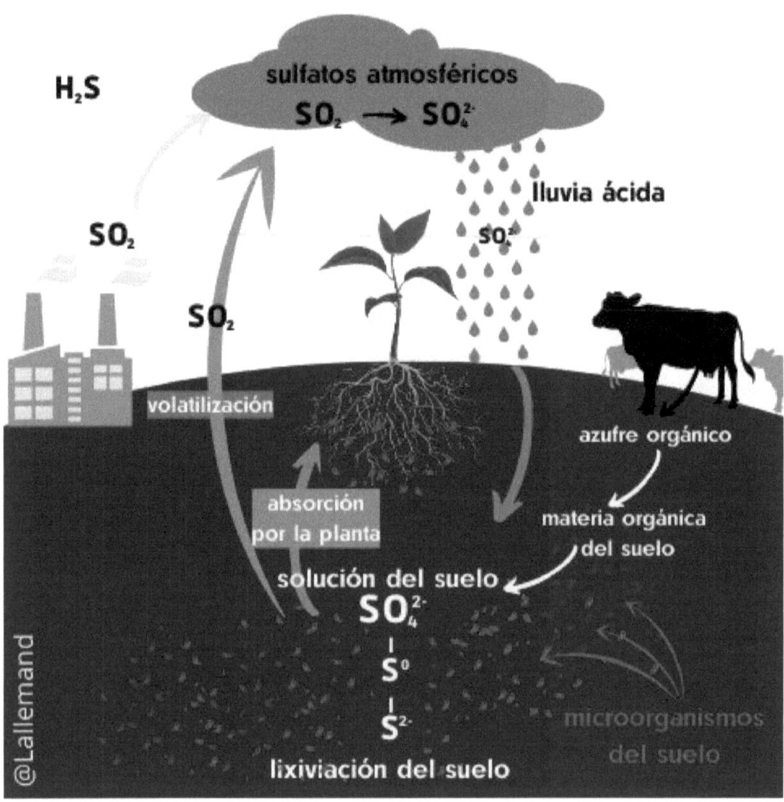

Fig. 8.1 Ciclo del azufre en la naturaleza y la formación del ion sulfato (SO_4^{-2}).

El ion sulfato procede también del lavado de materiales sedimentarios marinos, de la oxidación de sulfuros, de la descomposición de sustancias orgánicas. La disolución de yeso (anhidrita) proporciona la mayor cantidad de sulfatos al agua subterránea. El ion sulfato está sujeto a procesos de reducción, en especial cuando hay presencia de bacterias y materia orgánica.

Principio teórico para la determinación de sulfatos.

El método para determinar los sulfatos en el agua, definitivamente por siempre será la precipitación como sulfato de bario. Hay varias propuestas volumétricas para su determinación, sin embargo, la tradicional precipitación. Seguirá siendo el método más confortable. El ion sulfato en disolución se determina por precipitación con cloruro de bario, en solución débilmente acidificada con ácido clorhídrico:

$$SO_4^{-2} + BaCl_2 \rightarrow BaSO_4 + 2\ Cl^{-1}$$

El precipitado blanco de sulfato de bario presenta propiedades físicas para que pueda ser analizado por gravimetría o en su caso por nefelometría o métodos turbidimétricos.

La Kps del $BaSO_4$ a 25°C es de 1.3×10^{-10}. Entonces la solubilidad de este compuesto expresada en g/ 100 mL, puede obtenerse mediante el siguiente cálculo:

$$BaSO_4 \rightarrow Ba^{+2} + SO_4^{-2}$$

$$Kps = [Ba^{+2}][SO_4^{-2}] = s \times s = s^2$$

$$s = \sqrt{K} \qquad \sqrt{1} \qquad\qquad mol/L$$

$(1.14 \times 10^{-5}$ mol/L $)(233.3$ g/mol$)(0.1$ L/100 mL$) = 2.7 \times 10^{-4}$

La Kps del $BaCl_2$ a 25°C es de 2.9×10^{-6}. Entonces la solubilidad de este compuesto expresada en g/100 mL, puede calcularse mediante:

$$BaCl_2 \rightarrow Ba^{+2} + 2\ Cl^{-1}$$
$$s \qquad 2s$$
$$Kps = [Ba^{+2}][Cl^{-1}]^2 = s \times (2s)^2 = 4s^3$$

$$\sqrt{}\ /\ \qquad \sqrt{}\ /\ \qquad\qquad mol/L$$

$$(8.98 \times 10^{-3} \text{ mol/L})(208.2 \text{ g/mol})(0.1 \text{ L/100 ml}) = 0.186 \text{ g}$$

Se observa la mayor insolubilidad del $BaSO_4$.

Vamos a suponer que una muestra de agua contiene 100 ppm de sulfatos (SO_4^{-2}), es decir 100 mg/L. Esto representaría aproximadamente una solución 0.0014 M de SO_4^{-2}. Entonces como la Kps del $BaSO_4$ es de 1.3×10^{-10}, se pueden calcular los gramos de $BaCl_2$ que pueden añadir a 50 mL de una solución, 0.0014 M de SO_4^{-2} para que se inicie la precipitación. El $BaCl_2$ es una sal soluble que deja en solución a los iones Ba^{+2}. La precipitación se daría según:

$$SO_4^{-2} \; + \; Ba^{+2} \; \rightarrow \; BaSO_4 \text{ (blanco)}$$

$$Pc = [SO_4^{-2}]\,[Ba^{+2}] = Kps$$

La disociación del sulfato de bario:

$$BaSO_4 \; \leftrightarrow \; Ba^{+2} + SO_4^{-2}$$

El sulfato de bario comenzará a precipitar cuando:

$$[Ba^{+2}]\,[SO_4^{-2}] = 1.3 \times 10^{-10}$$

$$[Ba^{+2}] = 1.3 \times 10^{-10} / 0.0014 = 9.28 \times 10^{-8}$$

$$(9.28 \times 10^{-8})\,(208.2) = 1.93 \times 10^{-5}\,(0.05) = 9.65 \times 10^{-7} \text{ g}$$

El método para la determinación de sulfatos consiste en precipitar los iones sulfatos en medio ácido bajo la forma de sulfato de bario:

$$SO_4^{-2} + BaCl_2 \; \rightarrow \; BaSO_4 \text{ (blanco)} + 2 \, Cl^{-1}$$

Este precipitado de color blanco-lechoso, puede ser analizado turbidimétricamente, con escalas previamente establecidas por algunas marcas comerciales, utilizando tubos de vidrio y marcas de referencia nefelométrica. Este método sería mucho más rápido que el gravimétrico, pesando el sulfato de bario obtenido. Quizá sea menos preciso; pero el tiempo de realización es mucho más pequeño.

Material:

1 vaso de precipitado de 250 mL
1 tubo de vidrio con escala para medición de sulfatos (se propone utilizar el de la HI 38000 test kit para sulfatos. Este tubo puede medir concentraciones de 10 a 100 ppm).

Reactivos:

Solución acondicionadora: Se mezclan 50 mL de glicerina con una solución que contenga 30 mL de ácido clorhídrico concentrado, 300 mL de agua destilada, 100 mL de alcohol etílico al 95% y 75 g de NaCl.
Cloruro de bario (puede utilizarse la sal hidratada).

Procedimiento:

En un vaso de precipitado de 250 mL, colocar 50 mL de muestra de agua y adicionar unas 3 gotas de la solución acondicionadora. Agitar y agregar una pequeña "pizca" de cloruro de bario en cristales. Agitar la mezcla hasta disolver todo el cloruro de bario agregado. La solución se tornara blanco-lechosa por la formación del precipitado de sulfato de bario. Dejar reposar unos 5 minutos. Colocar el tubo de medición en posición vertical y adicionar gota a gota la solución muestra, hasta dejar de ver la marca que tiene el tubo en el fondo. Ahí se tomará la lectura directa en el tubo, que nos indica de forma aproximada la cantidad de sulfatos en la muestra.

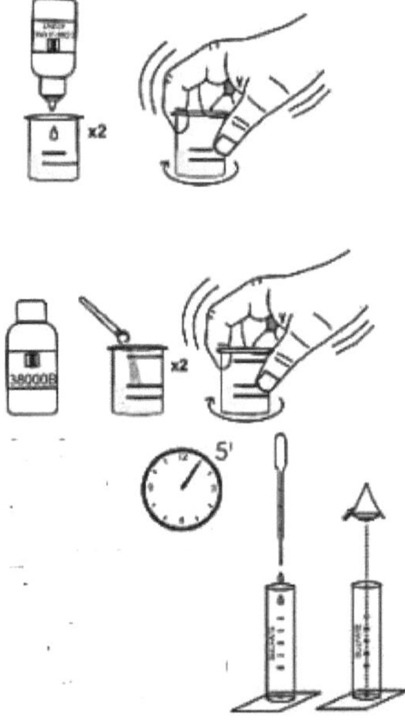

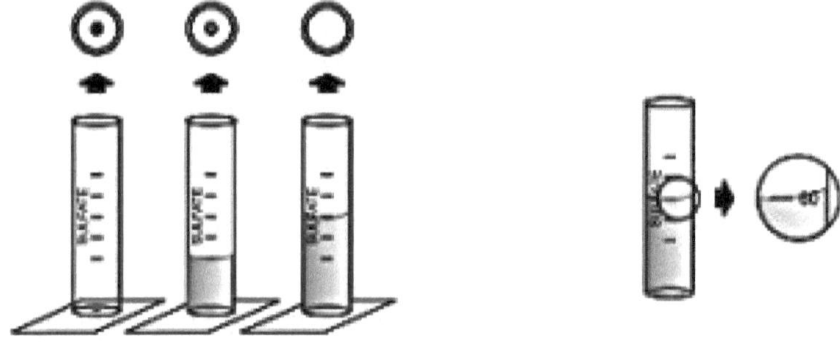

La lectura será leída directamente en el tubo y se proporciona la concentración de sulfatos en mg/L.

$$Sulfatos = Lectura\ directa\ sobre\ el\ tubo$$

Capítulo 9. Determinación de sodio y potasio

Sodio y Potasio en aguas naturales.

El **sodio** es un elemento abundante y extensamente diseminado en muchos suelos y rocas, y es el catión principal de muchas aguas naturales asociadas con sedimentos arcillosos, esquistos marinos, evaporitas y en al agua de mar. Todas las sales de sodio son muy solubles en agua, por ello es muy común encontrar aguas con sodio. Las concentraciones de sodio en aguas naturales varía por menos de 1 mg/L en aguas corrientes, desde áreas de alta precipitación pluvial a más de 100 000 mg/L en aguas superficiales y subterráneas asociadas a depósitos de halita en áreas áridas. A demás de las fuentes naturales de sodio, las aguas de desecho, los efluentes industriales, las salmueras de campos petroleros, y sales para descongelación pueden aportar sodio a la superficie y a aguas subterráneas. Su concentración en agua dulce puede variar entre 1 y 150 ppm. La NOM-127-SSA-1994 establece un contenido límite de hasta 200 ppm. El sodio en el agua potable puede ser dañino para las personas que sufren males cardiacos, renales y circulatorios y para las mujeres con toxemias del embarazo. Las grandes concentraciones de sodio son tóxicas para la mayoría de las plantas.

El **potasio** se encuentra en la naturaleza en forma iónica o molecular. Es un elemento muy reactivo que reacciona vigorosamente con el oxígeno y el agua. El potasio en aguas está íntimamente relacionado con el sodio y algunas veces, se acostumbra a analizarlos conjuntamente. Procede de la meteorización de feldespatos y la disolución de depósitos de evaporitas. A pesar de que el potasio es solamente un poco menos común que el sodio en las rocas ígneas y es más abundante en las rocas sedimentarias, la concentración de potasio en la mayoría de las aguas naturales es mucho menor que la concentración de sodio (es muy frecuente la relación 90/10). El potasio es liberado del silicato de los minerales con más dificultad que el sodio y es absorbido con mayor facilidad por los minerales de arcilla y reincorporado en productos sólidos de intemperización. Las concentraciones de potasio mayores a 20 mg/L son poco usuales en aguas naturales. Su concentración puede variar entre 0.1 y 10 ppm. En aguas salobres o de manantiales cálidos puede ser mayor a 100 ppm. Las grandes concentraciones de potasio en el agua potable pueden actuar como purgantes, pero el rango de las concentraciones de potasio en la mayoría de los suministros domésticos rara vez ocasiona estos problemas.

Determinación de sodio + potasio ($Na^+ + K^+$).

Los métodos recomendados para determinar sodio y potasio, suponen el uso de espectrofotómetros de absorción atómica o fotómetros de emisión de llama. Lo anterior hace, que estas determinaciones sean muy costosas. Sin embargo, para la práctica normal de análisis de aguas naturales y, sobre todo, cuando se realizan determinaciones de campo, se puede utilizar el procedimiento como sodio + potasio calculados. La expresión anterior se refiere a valores calculados y no determinados realmente.

Los elementos alcalinos se suelen reportar como Na + K, mediante la diferencia de la concentración de aniones y cationes. El valor calculado, a pesar de las limitaciones que supone, es útil para muchos propósitos en la determinación de la calidad de agua. El cálculo se hace mediante la determinación de los demás cationes y aniones más representativos presentes en el agua en miliequivalentes por litro (meq/L). El valor de la diferencia entra la suma de aniones en meq/L y la suma de los cationes en meq/L, se supone que es igual a la cantidad de sodio más potasio presente en el agua y se obtiene de la siguiente forma:

$$Na^+ + K^+ = \sum aniones - \sum cationes$$

Aniones y cationes más representativos en las aguas naturales:

Aniones	Cationes
Bicarbonato HCO_3^{-1}	Calcio Ca^{+2}
Sulfatos SO_4^{-2}	Magnesio Mg^{+2}
Cloruros Cl^{-1}	

Estas determinaciones se presentar normalmente en ppm o mg/L. Para hacer la conversión directa de mg/L a meq/L se pueden utilizar los siguientes factores:

Iones principales	Factor
Ca^{+2}	0.04990
Mg^{+2}	0.0822
HCO_3^{-1}	0.0164
SO_4^{-2}	0.02082
Cl^{-1}	0.0282

Ejemplo 1: Una muestra de agua de manantial presenta la siguiente composición química:

Especie química	Concentración en mg/L
Ca^{+2}	92.18
Mg^{+2}	14.58
HCO_3^{-1}	233.
SO_4^{-2}	82
Cl^{-1}	15.75

Con estos datos, calcular la concentración de sodio y potasio por el método calculado (Na + K).

Primero se hace la conversión de unidades de mg/L a meq/L. Luego se suman los meq/L de cationes y los meq/L de aniones. La diferencia entre ellos, corresponderá a la (Na + K). Para calcular la concentración de sodio y potasio, se establece una relación de 90/10.

Cationes (meq/L)	Aniones (meq/L)
Ca^{+2} = 92.18 x 0.04990 = 4.59	HCO_3^{-1} = 233x 0.0164 = 3.82
Mg^{+2} = 14.58 x 0.0822 = 1.19	SO_4^{-2} = 82 x 0.02082 = 1.71
	Cl^{-1} = 15.75 x 0.0282 = 0.44
$\sum$ = 5.78	$\sum$ = 5.97

$[Na^+ + K^+] = 5.97 - 5.78 = 0.19$ meq/L

Para calcular la proporción de sodio y potasio considerando la relación 90/10:

$Na^{+1} = (0.19)(0.9) = 0.171/0.0435 = 3.93$ mg/L

$K^{+1} = (0.19)(0.10) = 0.019 /0.025 = 0.76$ mg/L

Ejemplo 2: Una muestra de agua presenta la siguiente composición:

$[Ca^{+2}] = 80.16$ mg/L
$[Mg^{+2}] = 4.03$ mg/L
$[HCO_3^{-1}] = 233.0$ mg/L
$[SO_4^{-2}] = 25.0$ mg/L
$[Cl^{-1}] = 2.0$ mg/L

Determinar la concentración de sodio y potasio en la muestra de agua:

Cationes (meq/L)	Aniones (meq/L)
Ca^{+2} = 80.16 x 0.04990 = 3.99	HCO_3^{-1} = 233x 0.0164 = 3.82
Mg^{+2} = 4.03 x 0.0822 = 0.33	SO_4^{-2} = 25 x 0.02082 = 0.52
	Cl^{-1} = 2 x 0.0282 = 0.0.056
$\sum$ = 4.32	$\sum$ = 4.39

$[Na^+ + K^+] = 4.39 - 4.32 = 0.07$ meq/L

Se calcula la proporción de sodio y potasio considerando la relación 90/10:

$Na^{+1} = (0.07)(0.9) = 0.7733/0.0435 = 3.38$ mg/L

$K^{+1} = (0.07)(0.1) = 0.007/0.025 = 0.28$ mg/L

Las mediciones que se hacen más comúnmente en condiciones de campo son: la temperatura, el pH, la conductividad eléctrica; así como los análisis químicos a micro escala para determinar HCO_3^{-1}, Cl^{-1}, SO_4^{-2}, Ca^{+2} y Mg^{+2}. Los elementos alcalinos se suelen reportar como $Na^+ + K^+$, mediante la diferencia eléctrica de aniones y cationes. Además una réplica de la misma muestra se puede preservar mediante y llevarse a fotometría.

Capítulo 10. Balance de aniones y cationes en un análisis químico.

Unidades químicas para el reporte de un análisis.

Las sustancias disueltas en el agua pueden estar en forma molecular o en forma iónica, pero en las aguas subterráneas la forma iónica es la más importante. Normalmente se trata de iones simples tales como los cationes Na^+, Ca^{+2}, Fe^{+2} o aniones simples como Cl^{-1}, SO_4^{-2}. Menos frecuentemente existen iones complejos, por ejemplo de Fe u otros metales pesados, formados a expensas de sustancias orgánicas o incluso de ácido carbónico; estos complejos pueden ser tanto ani6nicos como cati6nicos. Parte de las sustancias disueltas están en forma molecular no iónica, con frecuencia en equilibrio con especies iónicas. Así, el ácido carbónico mantiene el equilibrio:

$$H_2CO_3 \leftrightarrow HCO_3^{-1} + H^+$$

Otras sustancias están parcialmente disociadas, dando origen a iones tales como HCO_3^{-1}, SH^{-1}, $H_3SiO_4^{-1}$, etc., en equilibrio, con la forma molecular y la forma totalmente disociada, o con mayor grado de disociación. En aguas subterráneas naturales clasificadas como dulces, la mayoría de las sustancias disueltas están totalmente ionizadas (la principal excepción es la sílice en forma de (H_4SiO_4), y por ello se consideran en estado iónico.

Expresión de las concentraciones

La concentración de los diferentes iones y sustancias disueltas puede expresarse de diferentes maneras:

Parte por millón (ppm). Es el gramo en un millón de gramos o sea el mg/kg. Es la forma más usual de expresar la concentración de una solución muy diluida.

Miligramo por litro (mg/L). Se entiende por litro de disolución. Si la concentración total de sales no supera 5000 ppm la densidad del agua es muy aproximadme 1.0 y por lo tanto 1 ppm = 1 mg/I.

Para concentraciones totales mayores la densidad es algo superior a 1.0 y la medida en ppm es algo menor que en mg/1. Sin embargo los errores son pequeños, aun para agua del mar.

En las expresiones químicas los pesos de sustancias disueltas se sustituyen por el número de moles o el número de equivalente.

$$Número\ de\ moles = \frac{peso\ de\ sustancia}{peso\ molecular}$$

$$Número\ de\ equivalentes = \frac{peso\ de\ sustancia}{peso\ equivalente}$$

$$Peso\ equivalente = \frac{peso\ molecular}{número\ de\ electrones\ o\ valencia}$$

Miliequivalentes por litro de disolución (meq/L). Es muy empleada en análisis químico por permitir comparar directamente iones. El número de equivalentes por litro sé llama normalidad.

Por ejemplo, para determinar los meq/L de una solución que contiene 150 ppm (mg/L) de SO_4^{-2} se hace lo siguiente:

Peso molecular del ion SO_4^{-2}: $32 + (16 \times 4) = 96$

Peso equivalente del ión (tiene valencia dos): $96/2 = 48$

150 ppm = 150 mg/L, $150/48 = 3.12$ meq/L

Calcular los meq/L de una muestra de agua que contiene 280 ppm de Ca^{*2}:
Peso molecular del ion Ca^{+2} : 40

Peso equivalente: $40/2 = 20$

$280/20 = 14$ meq/L

Se presenta a continuación una tabla con factores directos para convertir una concentración en ppm o mg/L a meq/L de los iones mayoritarios en aguas naturales:

Sustancia	Peso molecular	Factor
HCO_{3-1}	61	0.0164
SO_4^{-2}	96	0.0208
Cl^{-1}	35.345	0.028
Ca^{+2}	40	0.05
Mg^{+2}	24.3	0.0823
Na^{+1}	23	0.0434
K^{+1}	39.1	0.0255

Tabla 10.1 Factores de conversión de unidades químicas. Conversión de ppm a meq/L.

Los análisis químicos tienen formas y contenidos muy diversos según el uso a que se destinen. Con frecuencia sólo consisten en una o unas pocas determinaciones. Si se desea conocer las propiedades químicas más importantes de un agua se procede en general a determinar los iones fundamentales y algunas otras características. Así el llamado análisis completo de un agua contiene la determinación de alcalinidad como HCO_3^{-1}, Cl^{-1}, SO_4^{-2}, Na^{+1} y K^{+1}, Ca^{+2} y Mg^{+2} o la suma de los dos como dureza. Se suele determinar además la conductividad y/o el residuo seco, el pH, la materia orgánica, NO_3^{-1}, SiO_2 y si es preciso CO_3^{-2} y Fe aunque estos últimos no son en general importantes en cuanto a cantidad. Si conviene se añaden otras determinaciones de otros iones o características.

En un análisis químico completo debe verificarse que: la suma de miliequivalentes de aniones = la suma de miliequivalentes de cationes:

$$r(HCO_3^{-2} + SO_4^{-2} + Cl^{-1} + NO_3^{-2}) = r(Na^{+1} + K^{+1} + Ca^{+2} + Mg^{+2})$$ en donde $r = $ meq/L. Aunque el K^{+1} y NO_3^{-1} pueden en general despreciarse si no son aguas contaminadas. En la práctica existe una diferencia entre ambas cifras que es debida a los errores acumulados de cada una de las determinaciones individuales y a no tener en cuenta las contribuciones iónicas menores. Si existe una diferencia muy importante, sólo puede ser debido a existir cantidades anormales de los iones menores o a un error grave de análisis. La precisión de los análisis químicos se controla mediante diferentes métodos, entre estos la diferencia de miliequivalentes

por litro, entre aniones y cationes que no deben exceder un cierto valor:

$$error\ (\%) = \frac{\sum aniones - \sum cationes}{\sum aniones + \sum cationes} x\ 200$$

Cuando en un análisis se determina [Na + K] calculados. Estas cantidades no se utilizan en la ecuación. Ya que daría cero. El error admisible depende un poco de la concentración y el tipo de agua, pero a título indicativo puede considerarse la conductividad eléctrica en (μS/cm):

μS/cm	50	200	500	2000	>2000
% error	30	10	8	4	4

En análisis rutinarios pueden a veces admitirse errores algo superiores. Si un análisis tiene un error prácticamente nulo es sospechoso de haber sido arreglado o bien que Na^{+1} y K^{+1} ha sido determinado por diferencia.

Ejemplo: Un análisis de agua presenta los siguientes resultados (el Na + K. fueron determinados por diferencia).

$[HCO_3^{-1}] = 183.3$ ppm $[Ca^+] = 62.79$ ppm
$[SO_4^{-2}] = 50.0$ ppm $[Mg^{+2}] = 3.24$ ppm
$[Cl^{-1}] = 2.0$ ppm

¿Es correcto el análisis? Sin considerar [Na + K] se calculan los meq/L, de cada especie química analizada:

$[HCO_3^{-1}] = (183.3)\ (0.0164) = 3.0$ meq/L
$[SO_4^{-2}] = (50.0)(0.0208) = \quad 1.04$ meq/L
$[Cl^{-1}] = (2.0)(0.028) = \quad\quad 0.056$ meq/L
$\qquad\qquad \sum$ aniones $= 4.096$ meq/L

$[Ca^{+2}] = (62.79)\ (0.05) = \quad 3.14$ meq/L
$[Mg^{+2}] = (3.24)(0.0823) = \quad 0.267$ meq/L
$\qquad\qquad \sum$ cationes $= 3.407$ meq/L

$$\%\ error = \frac{4.096 - 3.407}{4.096 + 3.407}\ (200) = 18.36$$

Como el porcentaje de error supera el 10%, es probable que exista error en alguna determinación. Sin embargo no se aleja mucho del 10% permitido. Y puede suponerse que el análisis está dentro de un límite aceptable.

Actualmente existen programas de computación para el tratamiento de datos hidroquímicos; entre ellos podemos mencionar: EASYQUIM, DIAGRAMES, SAPHIQ, ACUACHEM, PHREEQC y AqQA del que comentaremos en el siguiente capítulo. Estos programas en su algoritmo, también establecen un criterio para determinar si el análisis químico es correcto o no.

Para el ejemplo anterior, una vez que se ha calculado [Na + K] por diferencia de aniones y cationes y se han introducido los datos que pide el programa se obtiene el siguiente resultado:

▼ Internal Consistency

Primary Tests
Anion-Cation Balance

Anions	4.01	
Cations	4.11	
% Difference	1.204	OK

Cuando en el programa te aparece OK, se establece que el análisis es correcto.

Cuando un análisis químico presenta mucho error, en el programa te aparecerá un NOT, como se muestra a continuación:

▼ Internal Consistency

Primary Tests
Anion-Cation Balance

Anions	4.88	
Cations	10.1	
% Difference	34.890	Not within ± 2%

Ejemplo: Una muestra de agua presenta el siguiente análisis químico. Comprobar la exactitud de los resultados.

$[HCO_3^{-1}] = 220$ ppm $\qquad$ $[Ca^+] = 82.2$ ppm
$[SO_4^{-2}] = 98.3$ ppm $\qquad$ $[Mg^{+2}] = 17.9$ ppm
$[Cl^{-1}] = 78.0$ ppm $\qquad$ $[Na^{+1}] = 46.4$ ppm
$[NO_3^{-1}] = 25.6$ ppm $\qquad$ $[K^{+1}] = 15.5$ ppm

$[HCO_3^{-1}] = (220)(0.0164) = 3.608$
$[SO_4^{-2}] = (98.3)(0.0208) = 2.044$
$[Cl^{-1}] = (78.0)(0.028) = 2.184$
$[NO_3^{-1}] = (25.6)(0.016) = 0.409$
$$\sum \text{aniones} = 8.245 \text{ meq/L}$$

$[Ca^{+2}] = (82.2)(0.05) = 4.101$
$[Mg^{+2}] = (17.9)(0.0823) = 1.473$
$[Na^{+1}] = (46.4)(0.0434) = 2.013$
$[K^{+1}] = (15.5)(0.0255) = 0.395$
$$\sum \text{cationes} = 7.982$$

$$\% \; error = \frac{8.245 - 7.982}{8.245 + 7.892}(200) = 3.25$$

Con el programa AqQA:

▼ Internal Consistency		
Primary Tests		
Anion-Cation Balance		
Anions	7.84	
Cations	7.98	
% Difference	0.923	OK
Measured TDS = Calculated TDS		

Ejemplo: Una muestra de agua presenta los siguientes resultados, el [Na+K] fueron calculados por diferencia.

$[HCO_3^{-1}] = 53$ ppm, $[Cl^{-1}] = 8$ ppm, $[SO_4^{-2}] = 39$ ppm,
$[Ca^{+2}] = 57$ ppm, $[Mg^{+2}] = 22$ ppm $[Na+K] = 26$ ppm

Conversión a meq/L:
$[HCO_3^{-1}] = 0.87$ $\qquad$ $[Ca^{+2}] = 2.6$
$[SO_4^{-2}] = 1.09$ $\qquad$ $[Mg^{+2}] = 1.81$
$[Cl^{-1}] = 0.22$

$$\% \; error = \frac{2.18 - 4.41}{2.18 + 4.41}(200) = -67.68$$

Utilizando el programa AqQA:

Primary Tests
Anion-Cation Balance

Anions	1.9	
Cations	5.47	
% Difference	48.451	Not within ± 0.2meq/L

Cuando se sospecha de algún resultado de análisis y sobre todo cuando el programa te arroja un resultado no satisfactorio. Lo mejor es volver a repetir el análisis. Si el balance de aniones y cationes no es suficientemente exacto, también el problema puede ser analítico o falto incluir algún constituyente.

En la mayoría de los análisis realizados, en aguas superficiales como arroyos, manantiales, goteos de estalactitas; siempre se ha presentado, que una vez que se tienen los resultados en ppm, al convertir a meq/L, la suma de aniones siempre resulta mayor que la suma de cationes, lo que supone que el faltante de cargas positivas para la neutralidad de cargas, será debido principalmente a la suma de [Na + K].

Capítulo 11. Representación gráfica de los análisis de aguas naturales.

Los datos de los análisis de aguas pueden ser mostrados en forma gráfica para facilitar su comparación visual. La representación gráfica de los datos hidroquímicos constituye una herramienta de trabajo muy eficiente en la interpretación de las propiedades del agua, así como para hacer comparaciones. También permite ver con facilidad el comportamiento y evolución de un agua en un territorio determinado y a través del tiempo. Entre los métodos gráficos más utilizados se destacan los siguientes: diagrama de barra, diagrama circular, diagrama de Stiff, diagrama triangular de Piper, y diagrama de Schoeller.

Diagrama de barras

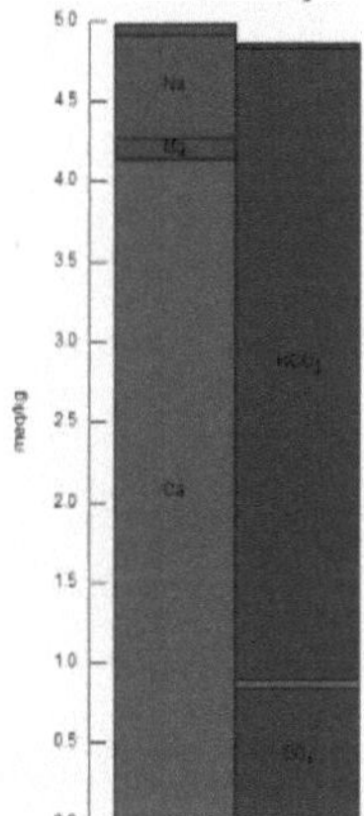

Los diagramas de barras o de columna se han empleado ampliamente por su sencillez. Posiblemente fueron los primeros en utilizarse. La composición química se puede expresar en mg/L, meq/L o % meq/L. La forma más común consiste en presentar en la columna de la derecha los tantos porcientos de los miliequivalentes de aniones: $rHCO_3^{-1}$, rCl^{-1}, rSO_4^{-2} de arriba hacia abajo y en la columna de la izquierda: rK^+, rNa^+, rMg^{+2}, rCa^{+2}.

Diagrama circular

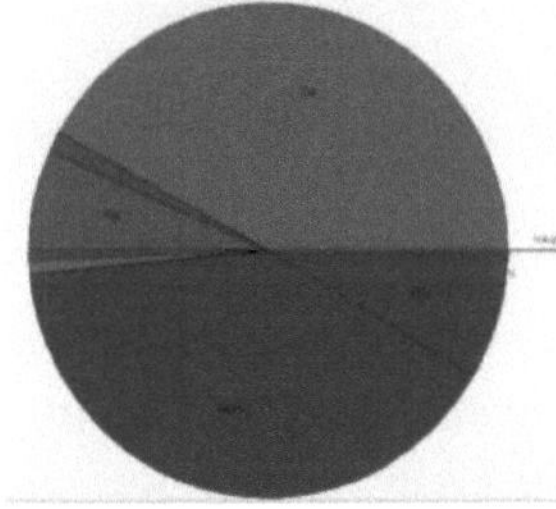

El diagrama circular expresa la composición mediante un círculo, cuyos ángulos son proporcionales a las concentraciones y sus radios o diámetros al total de los sólidos disueltos, la suma de los cationes y aniones es igual a 180°. Constituye un método útil para expresar la composición en el mapo de una zona.

Diagrama de Stiff

El diagrama de Stiff (1951) emplea un sistema de ejes horizontales paralelos y un eje vertical. En cada uno de estos se coloca un ión determinado. Una forma adecuada consiste en colocar en los ejes de la izquierda las concentraciones meq/L de los iones rMg^{+2}, rCa^{+2}, y $rNa+K^{+1}$ de arriba hacia abajo y, en el mismo orden en los ejes de la derecha, los iones rSO_4^{-2}, $rHCO_3^{-1}$, y rCl^{-1} de arriba hacia abajo. Este método permite apreciar y comparar en forma en forma rápida los diferentes tipos de agua cuando estas se encuentran en cantidades limitadas. Es un diagrama especialmente útil cuando se quieren apreciar cambios en el comportamiento de un agua en determinado tiempo por características climáticas, hidrogeológicas o efectos antrópicos (Fig. 11.1)

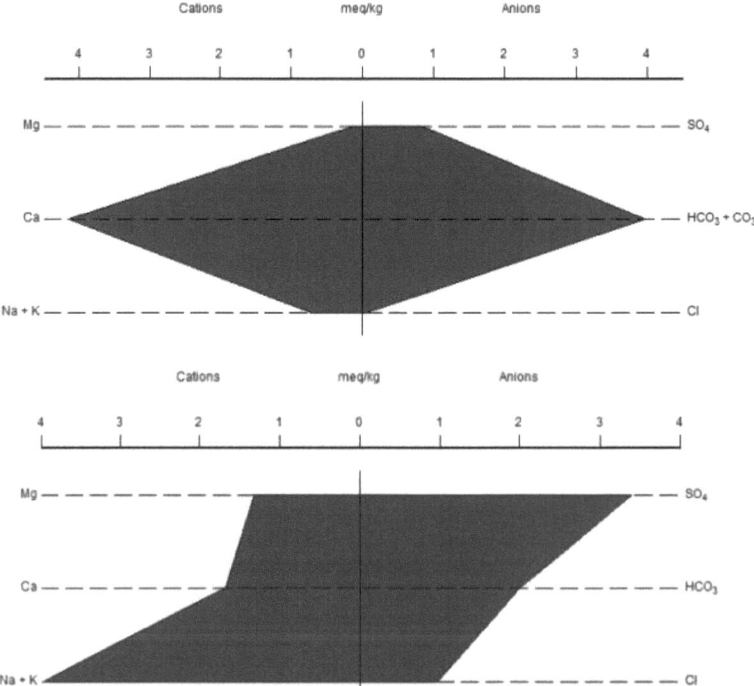

Fig. 11.1 Diagramas de Stiff para muestras de agua subterránea de la Sierra Gorda de Querétaro(arriba), y la parte sur del Estado (abajo).

Diagrama de Piper

Este diagrama también es una representación gráfica de los análisis químicos, agrupa el agua en familias que son nombradas mencionando los iones mayores que están en mayor proporción en la muestra. Consiste en dos triángulos, uno de ellos para cationes y el otro para aniones, y finalmente una figura en forma de diamante localizada en el centro (Fig. 11.2).

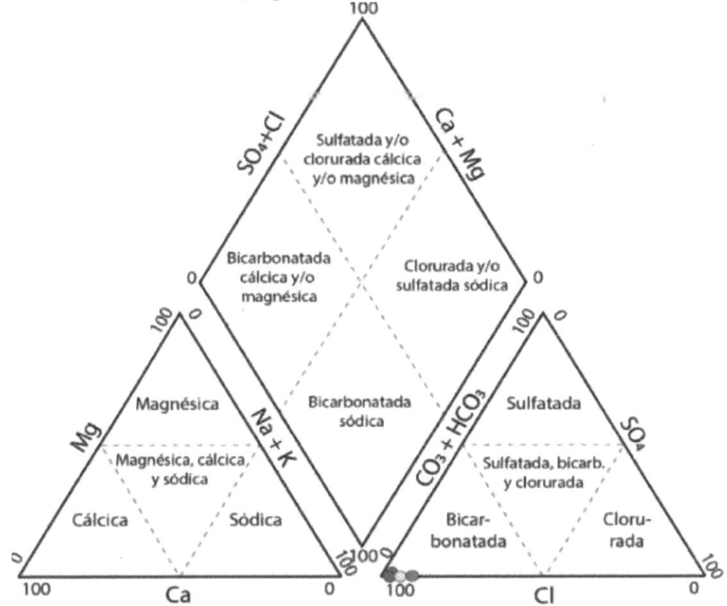

Fig. 11.2 Diagrama de Piper, para la clasificación de aguas de aguas subterráneas.

Los lados de los triángulos son utilizados para poner las proporciones de los iones. Los valores se muestran como porcentajes del total de aniones y cationes o en meq/L. Por tanto, cada análisis de agua resulta en un punto en el triángulo de cationes a la izquierda y otro en el triángulo de aniones a la derecha. Estos pontos son proyectados diagonalmente hacia arriba, paralelos a las diagonales de los triángulos y se forma un nuevo punto en el diamante en la intersección de ambos. Estos diagramas sirven para clasificar las aguas según la posición que ocupan en el diamante. Cuando se toman muestras de un mismo acuífero por un determinado tiempo, se puede establecer la evolución que el agua está siguiendo.

Diagramas de Schoeller.

Son de los llamados diagramas de tipo vertical en la representación gráfica de la composición química de un grupo número de muestras. En estos diagramas se coloca en el eje de ordenadas la concentración (en meq/L, o % meq/L) y en el eje de las abscisas los distintos iones presentes. El más usado es la variante propuesta por Schoeller (Fig. 11.3) en la cual, la composición química se expresa en unidades logarítmicas.

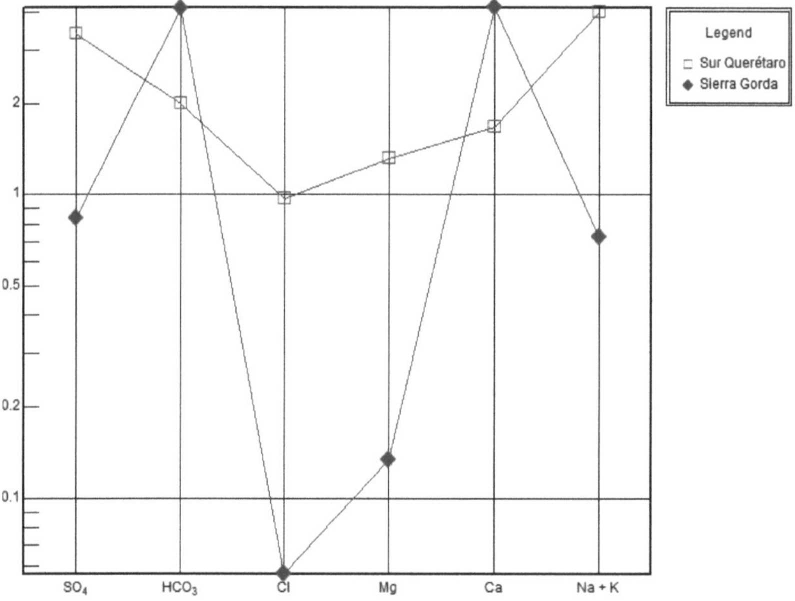

Fig. 11.3 Diagrama de Schoeller para muestras de agua de la parte sur de Querétaro y la Sierra Gorda del Estado.

Este diagrama emplea una disposición de los iones en rectas verticales paralelas igualmente espaciadas en escalas logarítmicas (en ppm o meq/L). Los puntos se unen mediante una línea quebrada. Es un diagrama apropiado para mostrar similitudes químicas de aguas subterráneas. Lo mismo para estudiar evoluciones temporales de aguas en un mismo punto.

Al emplear una escala semilogaritmica para representar las concentraciones de los iones, con la ventaja de que pueden visualizarse varias muestras. Es apropiado para estudiar la evolución temporal de las aguas en un mismo sitio y su variación composicional en diferentes localidades.

Se disponen varias semirrectas o columnas verticales paralelas igualmente espaciadas y divididas en escala logarítmica y con el mismo módulo. A cada semirrecta se le asocia un anión o un catión, excepto la primera columna que no tiene asociada ningún ión y su unidad de medida es en meq/L.

Programa AqQA de la Rock Were

Es un software muy amigable y sencillo de usar para el tratamiento de datos hidroquímicos. Sugiero este programa, ya que durante muchos años lo he venido utilizando. Para descargar el programa hay que comprar una licencia de uso reservado. Con este programa se pueden elaborar diagramas de Piper y Stiff y otros 8 tipos de diagramas hidroquímicos. Realiza conversión automática de unidades. Verifica la consistencia interna de los análisis de agua bajo ciertos criterios. Administra los datos de agua en una hoja de cálculo. Es un programa creado para cualquier persona que utilice datos químicos del agua. Calcula propiedades de fluidos como el tipo de agua, TDS, dureza, conductividad, índices de saturación. Los datos de análisis son introducidos en una hoja de cálculo y con un solo "clic"en la pestaña de análisis de datos verificamos la consistencia de nuestro análisis y muchas propiedades del agua que son automáticamente calculadas. Con otro "clic" en la pestaña de nuevos gráficos se pueden crear automáticamente 11 tipos diferentes de diagramas hidroquímicos.

A continuación presento el procedimiento sencillo de este programa para la evaluación de dos muestras de agua: una corresponde al agua subterránea de la zona norte del estado de Querétaro y otra a la parte sur o valle del Estado. Los resultados del análisis de estas dos aguas se presentan a continuación:

Muestra A-1 (Agua de la zona de San Joaquín, Qro.)

Muestra A-2 (Agua subterránea de la zona sur del Valle de Querétaro).

Muestra A-1		Muestra A-2	
Temperatura	20.9	Temperatura	24.7
pH	7.9	pH	8.7
ORP	27 mV	ORP	-5.20 mV
CE	500 µS/cm	CE	1217 µS/cm
SDT	249 ppm	SDT	769 ppm
Dureza	264.3 ppm	Dureza	
HCO_3^{-1}	233.9 ppm	HCO_3^{-1}	396.5 ppm
SO_4^{-2}	80 ppm	SO_4^{-2}	50 ppm
Cl^{-1}	20.3 ppm	Cl^{-1}	72.5 ppm
Ca^{+2}	79.94 ppm	Ca^{+2}	2.40 ppm
Mg^{+2}	18.03 ppm	Mg^{+2}	1.80 ppm
Na^{+}	13.54 ppm	Na^{+}	232.7ppm
K^{+}	2.63 ppm	K^{+}	3.80 ppm

Vamos a utilizar el programa AqQA paso a paso comentando algunas observaciones que puedan ser de utilidad. Este programa es muy fácil de utilizar y sus diagramas presentados, así como la información calculada que nos ofrece es de muy buena calidad.

1.- Una vez instalada la licencia para el software aparecerá el permiso de uso y tipo de licencia

2.- El programa nos manda a una hoja de Excel para incluir los análisis de ppm, mg/L o mg/kg.

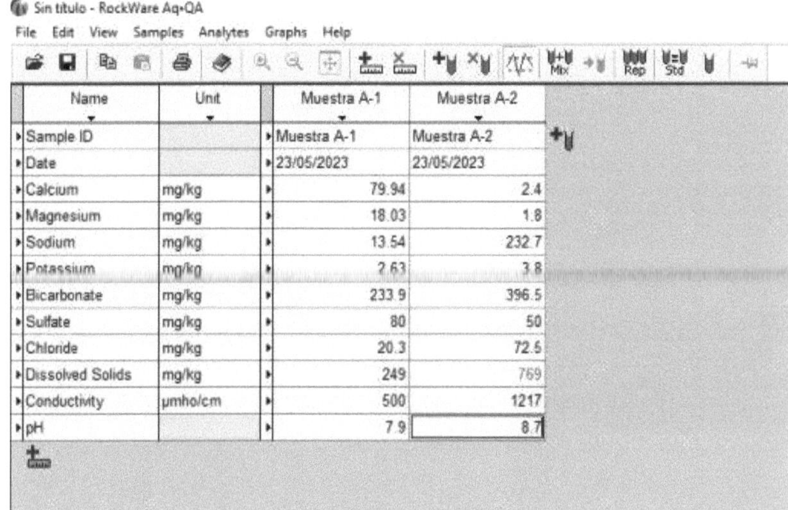

3.- Se da "clic" en la pestaña de Data Analisys y aparecen: propiedades del agua analizada, consistencia interna que evalúa los análisis realizados, equilibrio de carbonatos, tipo de agua para riego, y geotermómetros.

Muestra A-1:

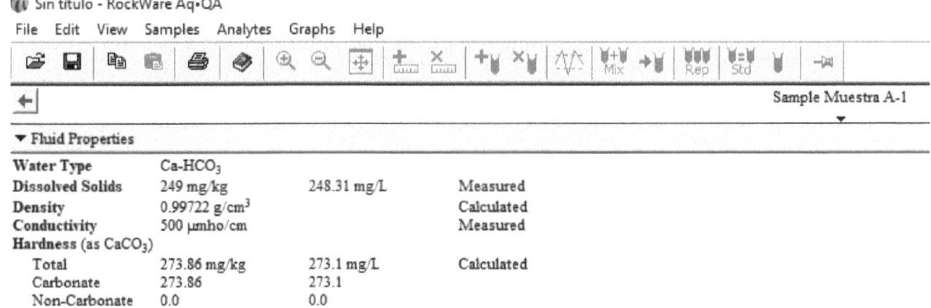

Primary Tests
Anion-Cation Balance

Anions	5.97	
Cations	6.11	
% Difference	1.169	OK

Measured TDS = Calculated TDS

Measured	249.000	
Calculated	448.340	
Ratio	0.555	Not within range 1.0 to 1.2

Measured EC = Calculated EC

Measured	500.000	
Calculated	565.958	
Ratio	0.883	Not within range 0.9 to 1.1

Secondary Tests
Measured EC and Ion Sums:

Anions	1.194157	Not within preferred range (0.9-1.1)
Cations	1.222411	Not within preferred range (0.9-1.1)
Calculated TDS to EC ratio	0.897	Not within preferred range (0.55-0.7)
Measured TDS to EC ratio	0.498	Not within preferred range (0.55-0.7)

Organic Mass Balance
DOC ≥ Sum of Organics
  DOC unavailable

▼ **Carbonate Equilibria**

Speciation at pH 7.900

CO_3	0.01735 mmolal
HCO_3	3.715
CO_2	0.1023
Total	3.834 from measured HCO_3

Total Carbonate from Titration Alkalinity
  No Measurement for Alkalinity
Titration Alkalinity from Total Carbonate
                187.6 mg/kg $CaCO_3$

Mineral Saturation

Calcite	0.8466	Supersaturated
Aragonite	0.6823	Supersaturated

Partial Pressure of CO_2
                0.002788 atm

▼ Irrigation Waters

Salinity Hazard	Medium
Sodium Adsorption Ratio	$356×10^{-3}$
Exchangeable Sodium Ratio	0.108
Magnesium Hazard	27.1
Residual Sodium Carbonate	0.0 meq/L

Muestra A-2:

Sin título - RockWare Aq•QA

File Edit View Samples Analytes Graphs Help

Sample Muestra A-2

▼ Fluid Properties

Water Type	Na-HCO_3		
Dissolved Solids	769 mg/kg	767.16 mg/L	Measured
Density	0.99761 g/cm³		Calculated
Conductivity	1217 µmho/cm		Measured
Hardness (as $CaCO_3$)			
Total	13.405 mg/kg	13.373 mg/L	Calculated
Carbonate	13.405	13.373	
Non-Carbonate	0.0	0.0	

Primary Tests
Anion-Cation Balance

Anions	9.73	
Cations	10.5	
% Difference	3.637	Not within ± 2%

Measured TDS = Calculated TDS

Measured	769.000	
Calculated	759.700	
Ratio	1.012	OK

Measured EC = Calculated EC

Measured	1217.000	
Calculated	866.032	
Ratio	1.405	Not within range 0.9 to 1.1

Secondary Tests
Measured EC and Ion Sums:

Anions	0.799303	Not within preferred range (0.9-1.1)
Cations	0.859647	Not within preferred range (0.9-1.1)
Calculated TDS to EC ratio	0.624	OK
Measured TDS to EC ratio	0.632	OK

Organic Mass Balance
DOC ≥ Sum of Organics

DOC unavailable

Speciation at pH 8.700

CO_3	0.1885 mmolal
HCO_3	6.287
CO_2	0.02729
Total	6.503 from measured HCO_3

Total Carbonate from Titration Alkalinity

No Measurement for Alkalinity

Titration Alkalinity from Total Carbonate

333.3 mg/kg $CaCO_3$

Mineral Saturation

Calcite	0.3412	Supersaturated
Aragonite	0.1768	Supersaturated

Partial Pressure of CO_2

743.7×10^{-6} atm

Salinity Hazard	High
Sodium Adsorption Ratio	27.6
Exchangeable Sodium Ratio	37.785
Magnesium Hazard	55.3
Residual Sodium Carbonate	6.38 meq/L

3.- Se da "clic" en la pestaña de New Graph y aparece en una pequeña ventana el menú de 11 diagramas hidroquímicos diferentes:
a) Series Plot
b) Time serie Plot
c)Cross Plot
d) Ternary Diagram
e)Durov Diagram
f)Schoeller Diagram
g) Stiff Diagram
h) Ion Balance Diagram
i) Pie Chart y Radial Plot

Sieries Plot y Time Serie Plot:

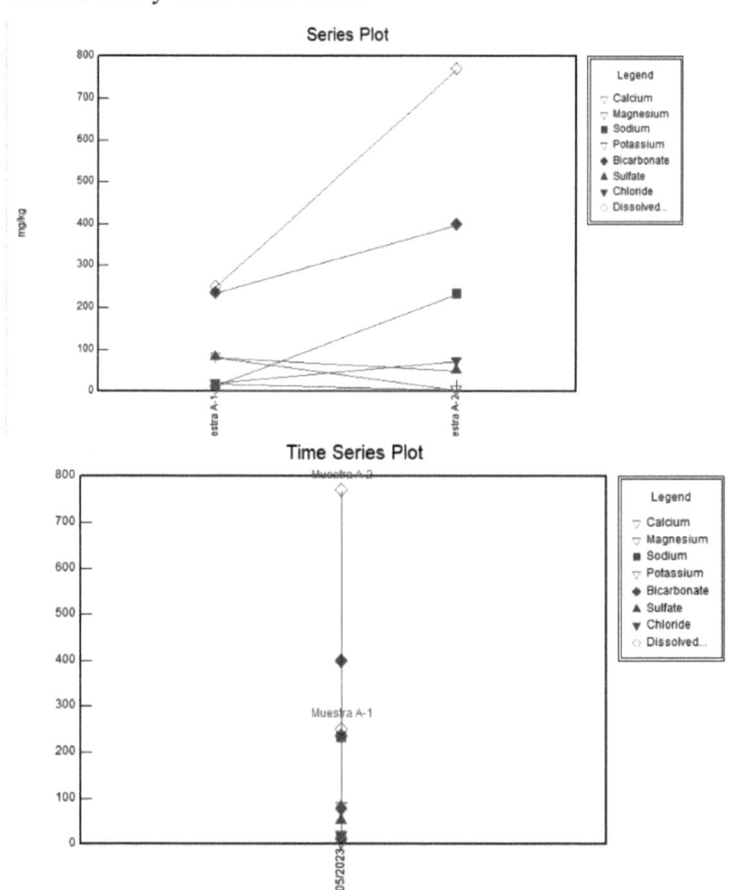

Ternary Diagram:

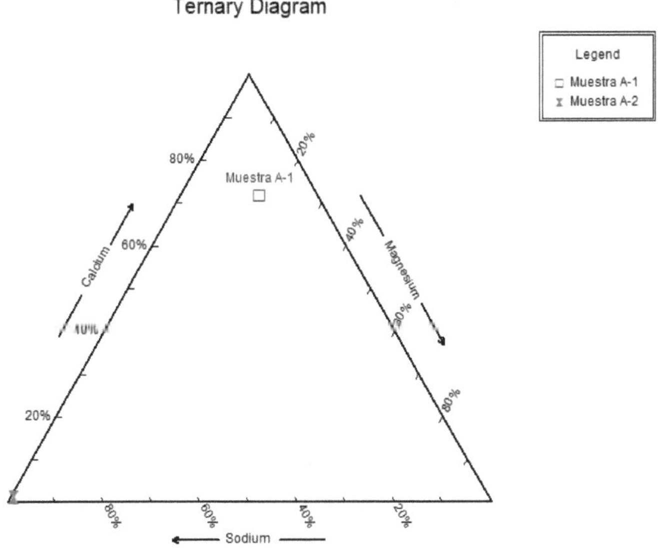

Piper Diagram:

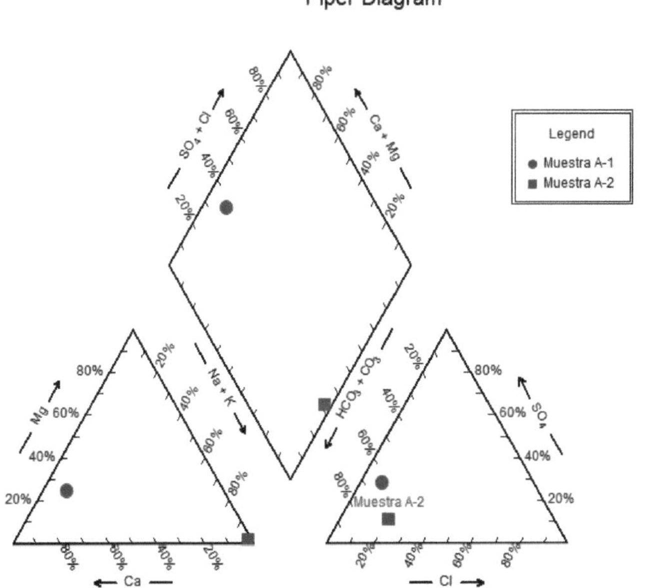

Durov Diagram:

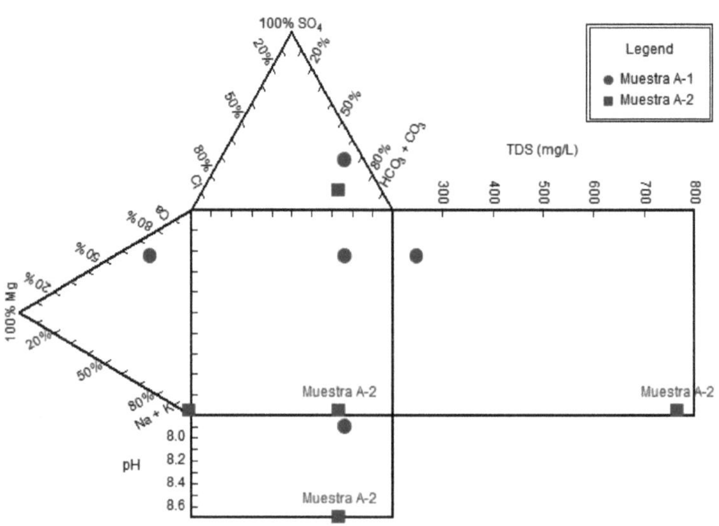

Schoeller Diagram:

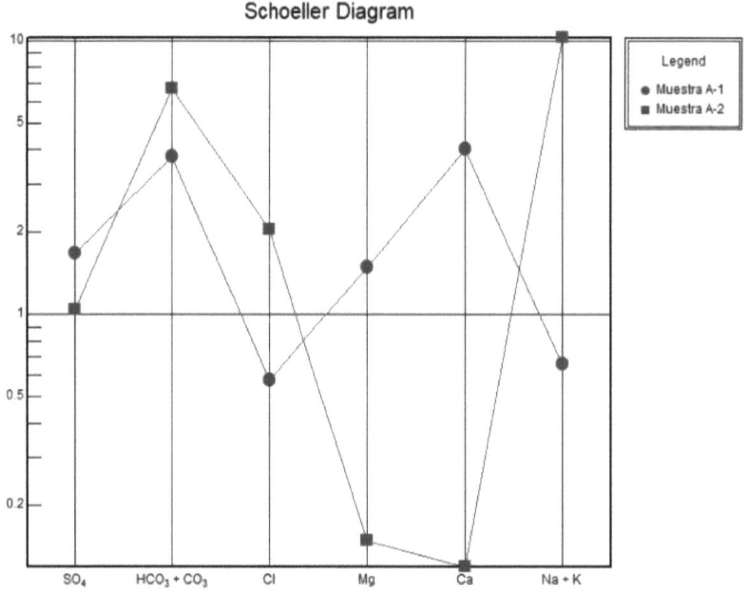

Stiff Diagram:

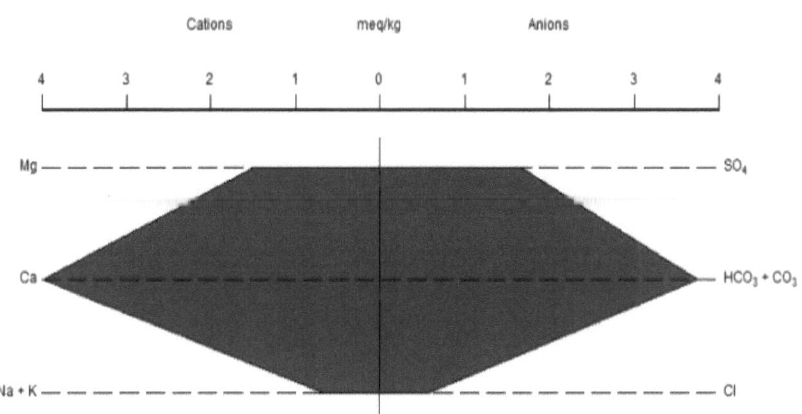

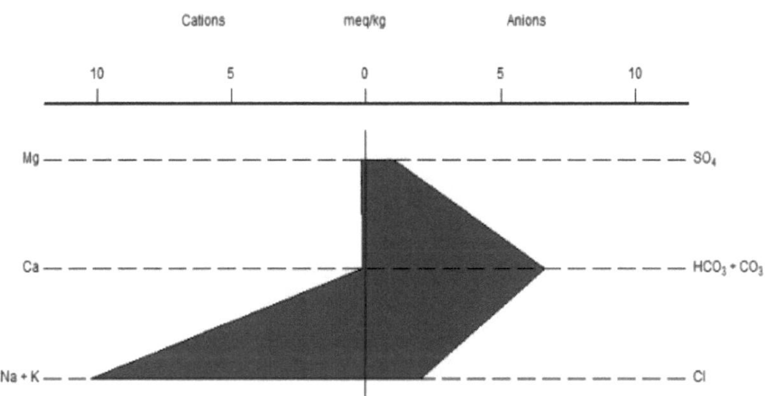

Ión Balance Diagram:

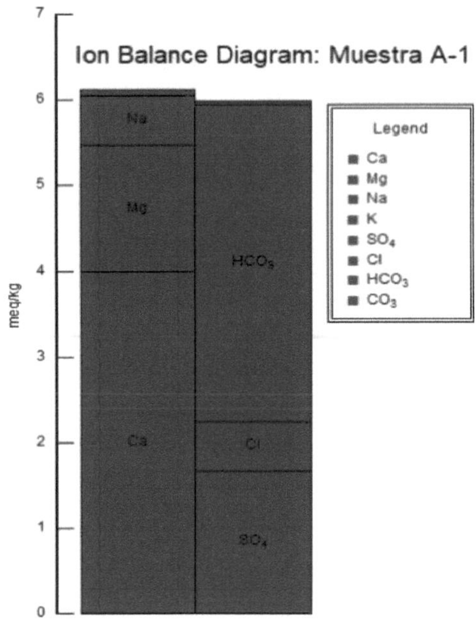

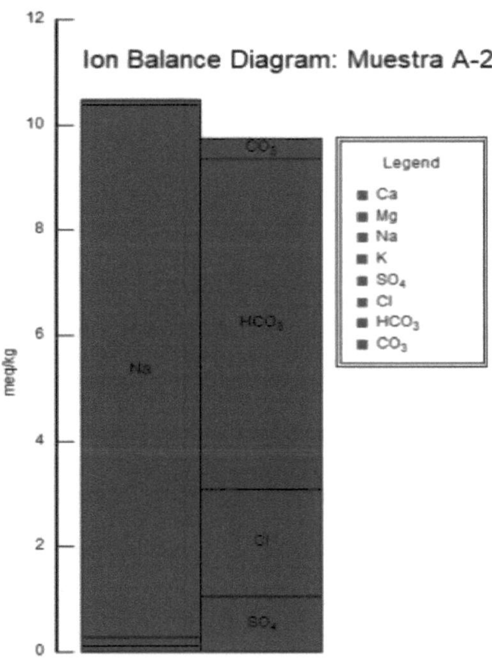

Pie Chart:

Pie Chart: Muestra A-1
Legend
Ca
Mg
Na
K
SO4
Cl
HCO3
CO3
Ca
Mg
Na
SO4
Cl
HCO3
meq/kg
7

Pie Chart: Muestra A-2
Legend
Ca
Mg
Na
K
SO4
Cl
HCO3
CO3
Na
CO3
SO4
Cl
HCO3
meq/kg
12

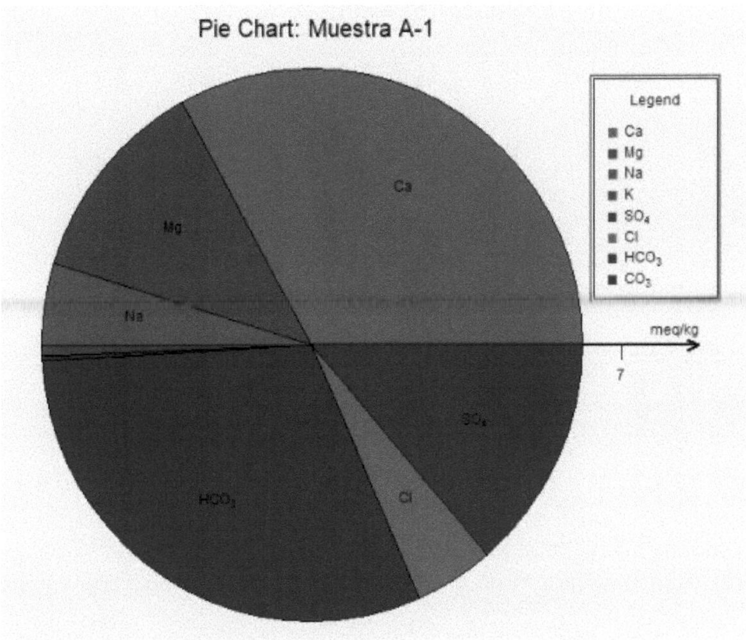

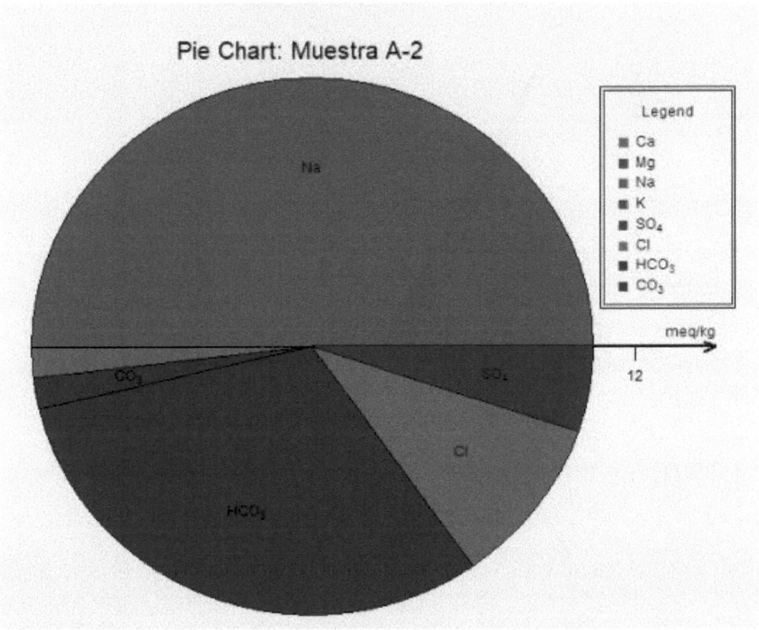

Radial Plot:

Radial Plot: Muestra A-1
Na + K
Ca
SO4
Mg
1
2
3
4 meq/kg
Cl
HCO3 + CO3

Radial Plot: Muestra A-2
Na + K
Ca
SO4
Mg
5
10 meq/kg
Cl
HCO3 + CO3

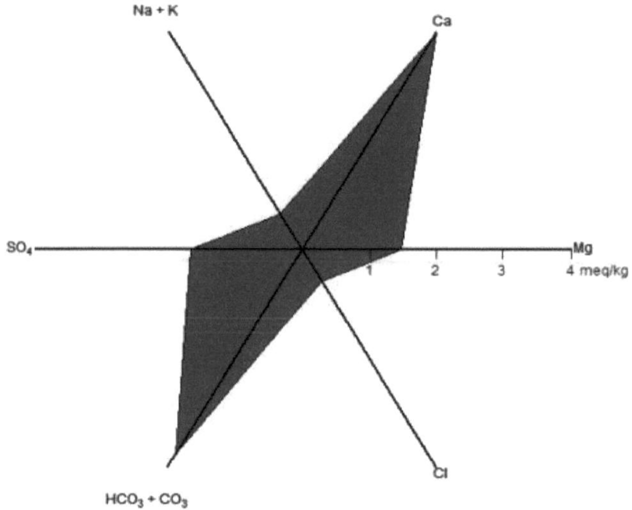

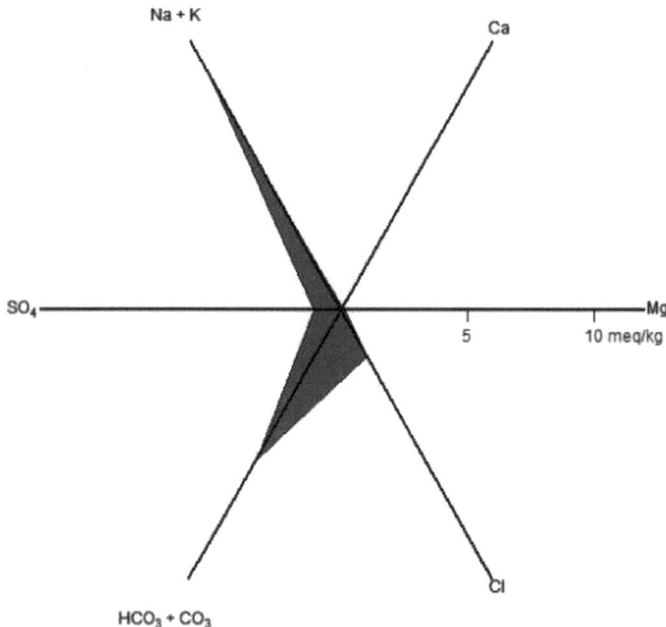

Capítulo 12. La microescala y el equipo volumétrico básico.

Trabajar con microescala.

Conforme cada día más existe la preocupación por el medio ambiente, así como por la seguridad y los elevados costos de operación de un laboratorio, surge la necesidad de reducir la escala de los procedimientos experimentales. Durante mucho tiempo, los procedimientos en los laboratorios se han llevado a cabo empleando cantidades de reactivos en el orden de 5 a 50 g y volúmenes de disolvente comprendidos entre 25 y 500 ml, lo que se conoce como técnicas a macroescala. En la actualidad, existe la tendencia a disminuir drásticamente las cantidades de sustancias que se manipulan, por lo que esta metodología está siendo progresivamente desplazada hacia una serie de metodologías y marchas químicas de menor consumo. Sin embargo, en los laboratorios de investigación se siguen preparando cantidades considerables de productos cuando surge la necesidad de disponer de materia de partida; tanto para el desarrollo de un proyecto concreto como para el escalado hacia la obtención de una sustancia.

La mayor parte de los procedimientos para análisis químico que se realizan hoy en día a macroescala. Esta metodología permite el aislamiento y caracterización de los productos usando material de laboratorio convencional y permite disponer de cantidades de productos obtenidos muy manejables. Como características principales de estas técnicas podemos destacar:

- **Reactivos**: Se usan generalmente cantidades de reactivos entre 1 y 5 g. A esta escala, se pueden usar balanzas, por ejemplo, con una décima de gramo de precisión y los errores que se cometen no serán significativos.
- **Disolventes**: Los volúmenes de disolventes empleados, tanto para reacciones como para procesos de extracción, suelen estar en torno a los 25 ml. La cantidad de

disolvente, por lo general, no resulta crítica para la realización del experimento. Por ejemplo, si se necesitan 20 ml de éter dietílico para una reacción, probablemente esta se dará con el mismo rendimiento si se emplean 18 o 25 ml. Para la medida de los volúmenes, una probeta de 25 ml o una pipeta de 10 ml será suficiente, no significando esto que no haya que ser preciso en las medidas.

- **Material**: El material empleado será el convencional . Solo habrá que adaptarlo al volumen de disolvente o cantidad de reactivos empleados en cada experimento concreto.

El trabajo de la microescala tiene como principal objetivo disminuir con mucho la escala convencional de laboratorio:

- **Reactivos**: Los procedimientos que se realizan a microescala se llevan a cabo con cantidades del reactivo principal comprendidas entre 0.005 y 0.5 g. Las pesadas deben realizarse en balanzas con al menos dos cifras decimales, mejor con tres cifras. Téngase en cuenta que con estas cantidades, una desviación de 0.1 g en un reactivo supone porcentualmente un error muy significativo en las proporciones adecuadas de los reactivos que se emplean.
- **Disolventes**: Las cantidades de disolvente suelen estar por debajo de los 100 microlitros y 5 mililitros. Por ello se deben usar pipetas, micro pipetas, dosificadores o jeringas con la graduación y precisión adecuada para cada experimento.
- **Material**: El material empleado en microescala requiere una adaptación a las cantidades usadas, especialmente cuando estas son inferiores a los 100 mg. Dicho material puede presentar diversas configuraciones que van desde material semejante al convencional, solo que con un tamaño adaptado a las necesidades propias de las cantidades y volúmenes usados en esta técnicas o bien material de diseño específico («*kits*» de microescala).

Las ventajas del uso de técnicas de análisis a microescala son muy evidentes, entre las más relevantes que podemos citar son las siguientes:

- **Reduce los costos** en cada procedimiento.
- **Posibilita** el aumento del número y repertorio de marchas experimentales con un mismo presupuesto.
- **Permite realizar experimentos** que implican la utilización **de reactivos** más **costosos**.
- **Mejora la seguridad** en el laboratorio reduciendo la exposición a sustancias potencialmente tóxicas y los riesgos de explosión o incendio.
- **Reduce** en forma significativa la **cantidad** de **reactivos** usados **y** consecuentemente los **residuos** generados.
- Suele suponer un **menor tiempo** de reacción y de experimentación, por lo que se puede dedicar más tiempo al análisis de los resultados.
- **Mejora** el **aprovechamiento** de los **laboratorios**.
- Permite el **desarrollo** de **nuevas técnicas** de utilización del material de laboratorio.
- Requiere un **menor espacio de almacenamiento** de reactivos y material.
- **Promueve** el principio de las tres R: **R**educir, **R**eciclar, **R**ecuperar.
- **Mejora** la **formación** del analista, ya que les obliga a ser más cuidadosos en todas las etapas de su trabajo en prácticas.

Actualmente con el desarrollo de nuevos y modernos equipos de laboratorio, el costo de un análisis de agua también se incrementa. Hoy un análisis de agua completo, está entre los $1500.00 y $9800.00. De igual forma el precio de los reactivos se ha incrementado mucho (1 g de murexida cerca de $800.00) de una forma tal que hacer hoy día un análisis de agua se requiere de una inversión considerable. Para el hidrólogo, químico, explorador, espeleólogo, ambientalista, analista y todo aquel interesado en temas de agua y ambiente, esta situación provoca que en muy pocos casos se realicen estudios de agua subterránea, trazados, estudios de goteo, surgencias y manantiales. A no ser que sean estudios financiados por grupos e instituciones que tengan una infraestructura suficiente, para costear económicamente este tipo de análisis.

El presente manual tiene por objetivo poner a la mano del analista una serie de técnicas, llamadas a microescala, para el análisis químico de los macrocomponentes de las aguas naturales. Implementa técnicas muy sencillas, disminuyendo notablemente el gasto de reactivos y, con ello, la generación de residuos, disminuye la exposición a sustancias dañinas e incrementa la seguridad, se reducen los espacios para la realización de las pruebas y también pueden ser realizadas "in situ", son técnicas que disminuyen el costo de materiales y reactivos (por ejemplo un litro de EDTA 0.01 M) puede ser utilizado para realizar más de 1000 (mil) pruebas de dureza), se acorta el tiempo de entrega de resultados.

La metodología que aquí se presenta se implementa con el propósito de realizar muestreo y análisis en lagos, ríos, arroyos, manantiales, goteos, cavernas. El utilizar técnicas a microescala me permitió llevar hasta el fondo de algunas cavernas, el equipo para realizar los análisis en su interior, así como lograr resultados rápidos de análisis de aguas hasta la zona donde localizamos los más remotos manantiales. En pocas palabras, las técnicas de análisis de agua a microescala permiten ahorrar tiempo, dinero y esfuerzo.

El equipo volumétrico básico.

El **matraz aforado** es el recipiente de fondo plano, de forma de pera con un cuello delgado y largo (Fig. 12.1). Una línea fina alrededor del cuello, indica el volumen que contiene a una temperatura normal de 20°C.
Al llenar de líquido los recipientes de medición, se debe tener precaución con lo siguiente:
1.- Tomar el matraz solo por el cuello y obligatoriamente por su parte superior a la raya de enrase.
2.- Llenar el matraz hasta la marca (raya) de tal manera, que el borde inferior del menisco cóncavo se enrase con la raya grabada en el cuello del matraz.

100

3.- Para comprobar que el matraz está lleno correctamente, los ojos del observador deben hallarse al nivel de la marca. Los matraces aforados se emplean básicamente para la preparación de las disoluciones de concentración exacta. Nunca guardar en estos, las disoluciones preparadas durante largo tiempo, así como calentarlos o efectuar en estos algunas reacciones. Los matraces se presentan de 1000, 500, 250 y 100 mL de capacidad.

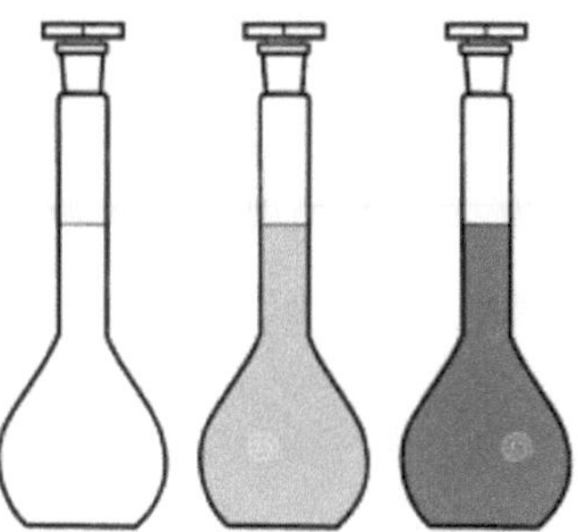

Fig. 12.1 Matraces volumétricos, utilizados para la preparación de soluciones valoradas.

Pipetas

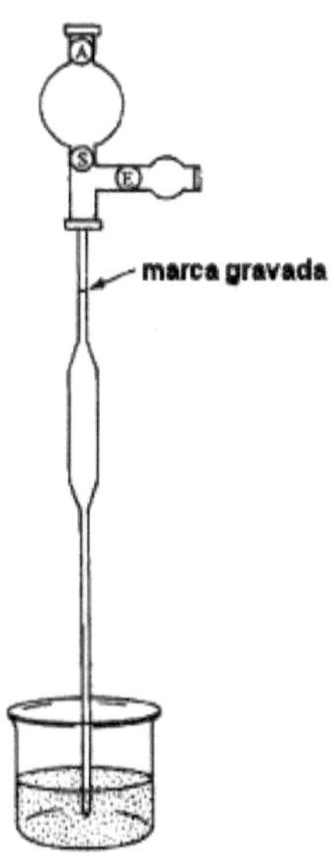

Para medir los volúmenes más pequeños se aplican las **pipetas**, que representan unos tubos de vidrio estrechos, estirados de un extremo y con un ensanchamiento en su parte media (Fig, 12.2). Para la medición exacta del volumen del líquido que escurre se emplean las pipetas de una sola marca (señal de enrase). Si tal pipeta se llena precisamente hasta la marca y luego el líquido se vierte, el volumen del líquido vertido será igual al señalado en la pipeta. Las más usadas son las 10 mL, y para la microescala se utilizan más de 1 y 2 mL.

Fig. 12.2 Pipeta volumétrica de 3 mL, muy utilizada en microescala para la toma de muestras de agua.

Los volúmenes que se toman con las pipetas son relativamente pequeños, por lo tanto, los errores en la medición de los volúmenes con ayuda de estas pueden alcanzar valores muy grandes y llevar a los resultados falsos. Al realizar la medición del volumen por medio de una pipeta, es necesario considerar lo siguiente:

1.- Trabajar solo con la pipeta absolutamente limpia.

2.- En el momento de aspirar el aire de la pipeta con la boca, el extremo inferior de la pipeta debe estar siempre sumergido en el líquido.

3.- Al llenar la pipeta hasta por encima de su señal de enrase, sacar rápidamente el tubo de la pipeta de la boca y cerrar el orificio con el dedo índice.

4.- Sosteniendo la pipeta tapada con el dedo de tal manera, que la marca se sitúe a nivel de los ojos, aminorar ligeramente la presión del dedo sobre el orificio de la pipeta dejando el líquido verterse lentamente, gota a gota, hasta que su nivel baje a la señal de enrase. Entonces, al apretar el dedo índice interrumpir la salida del líquido.
5.- Al salir todo el líquido, quitar el dedo y, tocando con la punta de la pipeta la superficie interior de la pared del recipiente. Las pipetas están calibradas para el escurrimiento, y por tanto de ningún modo se puede sacar soplando o exprimir de la punta de la pipeta la gota del líquido remanente retenida por las fuerzas capilares.

6.- Observar con suma atención toda la pipeta y al encontrar en sus paredes interiores aunque sea una sola gota de disolución no escurrida, repetir de nuevo todo el trabajo. Antes de guardar una pipeta, deberá ser lavada con agua, y su orificio superior tapado con un casquillo de papel.

7.- Es conveniente utilizar una perilla de succión como la de la Fig. 12.3 para evitar posibles accidentes cuando se trata de reactivos peligrosos.

Material complementario

La práctica de la microescala en el análisis de agua, también requiere de cierto material para la toma y traslado de reactivos a sus diferentes fines. Como pequeñas espátulas, jeringas, embudos, pipetas Pasteur, pipetas beral y matraces Erlenmeyer de 10 y 25 mL de capacidad (Fig. 12.3).

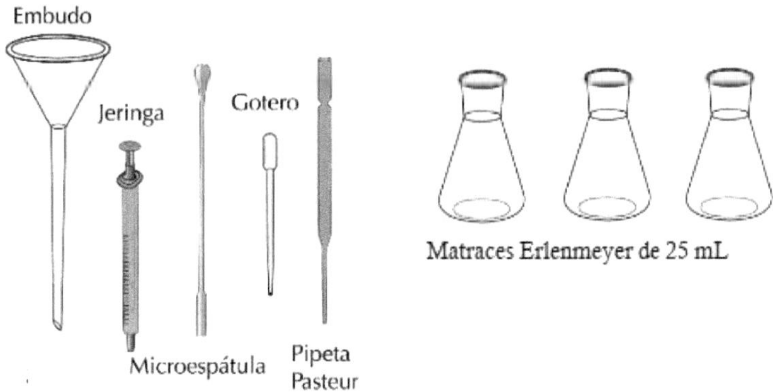

Fig. 12.3 Material complementario para el trabajo de laboratorio con microescala.

Microburetas.

Desde luego el material de laboratorio más importante para el análisis volumétrico es la bureta, para realizar las titulaciones finales. En el caso de la microescala, la microbureta es la parte esencial del trabajo analítico. Esta microbureta nos permite realizar valoraciones utilizando hasta 3 mL de muestra y con consumos hasta de 1 mL de soluciones estándar valorantes. Es un pequeño dispositivo que sustituye a las tradicionales buretas de 25 y 50 mL. Para fabricar una microbureta se realiza lo siguiente:

- Se utilizan normalmente pipetas graduadas en centésimas de mL (1/100), la más usual es la de 2 mL, pero también pueden utilizarse las de 2, 5 y 10 mL. En este manual recomendamos la pipeta de 1 mL.

- Lubricar con un poco de agua un trozo de 2 cm de manguera de hule y deslícela hasta un poco más de la mitad en la parte superior de la pipeta.

- Colocar una jeringa desechable sin aguja en el extremo libre de la manguera de hule, tocando la pipeta (la jeringa se recomienda de 3 a 5 mL, de acuerdo al volumen de la pipeta. Para una pipeta de 1 mL, se recomienda la jeringa de 3 mL). Con esta jeringa, al jalar el émbolo, el líquido sube por la pipeta hasta la marca del volumen de aforo o hasta el volumen requerido y oprimiendo cuidadosamente, se logra un goteo bien controlado.

- Colocar una punta dosificadora de plástico en el extremo inferior de la pipeta, para que las gotas añadidas, sea lo más pequeño posible, y el volumen pueda ser registrado en centésimas de mL (por ejemplo una pipeta de 1 mL sin punta produce cerca de 15 a 20 gotas y con la punta, produce entre 55 y 60 gotas aproximadamente).
La microbureta básica se muestra en la Fig 12.4.

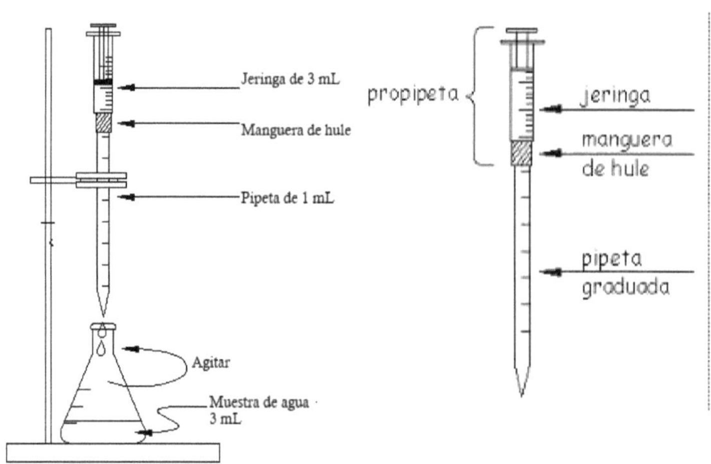

Fig. 12.4 Micro bureta de 1 mL para la microescala y armado del equipo de titulación para muestras de agua natural de 3 mL.

104

Anexos

Tabla 1. Propiedades químicas de aguas fluviales duras y blandas.

Componentes	Aguas calcáreas	Aguas ígneas
SDT	Muchos	Pocos
pH	7-9	6-8
Cationes	Ca^{+2}, Mg^{+2}	Na^{+},K^{+}, Mg^{+2}
Aniones	HCO_3^{-1}	HCO_3^{-1}, $HSIO_3^{-1}$
Sólidos suspendidos	ninguno	arcillas

Tabla 2. Análisis de agua subterránea típica.

Componentes	Concentración (mg/L)
pH	7.2
CO_2 libre	38
Dureza total ($CaCO_3$)	303
Magnesio	1.2
Calcio	119
Sodio	6.2
Potasio	1.2
Sulfato	2.5
Cloruro	6.2

Extracto de la NOM-127-SSA1-2017

JOSÉ ALONSO NOVELO BAEZA, Comisionado Federal para la Protección contra Riesgos Sanitarios y Presidente del Comité Consultivo Nacional de Normalización de Regulación y Fomento Sanitario, con fundamento en lo dispuesto por los artículos 39 de la Ley Orgánica de la Administración Pública Federal; 4 de la Ley Federal de Procedimiento Administrativo; 3o., fracción XIII, 13, apartado A, fracción I, 17 bis, fracciones II y III, 116, 118, fracción II y 119, fracción II de la Ley General de Salud; 38, fracción II, 40, fracción I, 43 y 47, fracción I de la Ley Federal sobre Metrología y Normalización; 28 y 33 del Reglamento de la Ley Federal sobre Metrología y Normalización; 209 a 213, 214, fracciones I, II, III y V, 215 a 225 y 227 del Reglamento de la Ley General de Salud en Materia de Control Sanitario de Actividades, Establecimientos, Productos y Servicios; así como 3, fracciones I, incisos n), o) y s), y II, 10, fracción IV del Reglamento de la Comisión Federal para la Protección contra Riesgos Sanitarios; he tenido a bien ordenar la publicación en el Diario Oficial de la Federación el

PROYECTO DE NORMA OFICIAL MEXICANA PROY-NOM-127-SSA1-2017, AGUA PARA USO Y CONSUMO HUMANO. LÍMITES PERMISIBLES DE LA CALIDAD DEL AGUA

El presente Proyecto se publica a efecto de que los interesados, dentro de los 60 días naturales siguientes a la fecha de su publicación en el Diario Oficial de la Federación, presenten sus comentarios por escrito, en idioma español y con el sustento técnico correspondiente, ante el Comité Consultivo Nacional de Normalización de Regulación y Fomento Sanitario, sito en Oklahoma número 14, planta baja, colonia Nápoles, Alcaldía Benito Juárez, Código Postal 03810, Ciudad de México, teléfono 50805200, extensión 1333, correo electrónico rfs@cofepris.gob.mx.

Durante el plazo mencionado y de conformidad con lo dispuesto por los artículos 45 y 47, fracción I de la Ley Federal sobre Metrología y Normalización, los documentos que sirvieron de base para la elaboración del Proyecto y su Análisis de Impacto

Regulatorio estarán a disposición del público en general, para su consulta, en el domicilio del mencionado Comité.

0. Introducción

El abastecimiento de agua para uso y consumo humano con calidad adecuada es fundamental para prevenir y evitar la transmisión de enfermedades relacionadas con el agua, para lo cual se requiere establecer y mantener actualizados los límites permisibles en cuanto a sus características físicas, químicas, microbiológicas, y radiactivas, con el fin de asegurar y preservar la calidad del agua que se entrega al consumidor por los sistemas de abastecimiento de agua públicos y privados.

Por tales razones la Secretaría de Salud, propone la emisión de la presente Norma Oficial Mexicana, con la finalidad de establecer un eficaz control sanitario del agua que se somete a tratamientos de potabilización a efecto de hacerla apta para uso y consumo humano, acorde a las necesidades actuales.

1. Objetivo y campo de aplicación

1.1 Esta Norma establece los límites permisibles de calidad que debe cumplir el agua para uso y consumo humano.

1.2 Esta Norma es de observancia obligatoria en el territorio nacional para los organismos responsables de los sistemas de abastecimiento de agua públicos y privados.

1.3 Esta Norma no es aplicable para aguas residuales tratadas.

3. Términos y definiciones

Para los propósitos de esta Norma, se aplican los términos y definiciones siguientes:

3.1 Agua para uso y consumo humano, a toda aquella que no causa efectos nocivos a la salud y que no presenta propiedades objetables o contaminantes en concentraciones fuera de los límites permisibles y que no proviene de aguas residuales tratadas.

3.2 Aguas residuales, a las de composición variada provenientes de las descargas de usos público, urbano, doméstico, industrial, comercial, de servicios, agrícola, pecuario, de las plantas de tratamiento y en general, de cualquier uso, así como la mezcla de ellas.

3.3 Agua superficial, a la que fluye sobre la superficie del suelo a través de arroyos, canales y ríos, o que se almacene en lagos, embalses, ya sean naturales o artificiales.

3.12 Organismo responsable, a la instancia encargada de operar, mantener y administrar el sistema de abastecimiento de agua con el fin de asegurar y preservar la calidad del agua que se entrega al consumidor por los sistemas de abastecimiento de agua públicos y privados, estableciendo un eficaz control sanitario del agua sometiéndola a tratamientos de potabilización a efecto de hacerla y mantenerla apta para uso y consumo humano.

3.13 Potabilización, al conjunto de operaciones y procesos, físicos, químicos y biológicos que se aplican al agua en los sistemas de abastecimiento de agua, a fin de hacerla apta para uso y consumo humano.

3.14 Sistema de abastecimiento de agua, al conjunto intercomunicado o interconectado de fuentes, obras de captación, plantas potabilizadoras, tanques de almacenamiento y regulación, líneas de conducción y distribución, incluyendo vehículo cisterna que abastece de agua para uso y consumo humano, sean de propiedad pública o privada.

5. Especificaciones sanitarias

El agua para uso y consumo humano de los sistemas de abastecimiento debe cumplir con las siguientes especificaciones:

5.1 El agua de los sistemas de abastecimiento no debe tener como fuente de abastecimiento agua residual tratada.

5.2 Físicas:

Tabla 1 - Especificaciones sanitarias físicas

Parámetros	Límite permisible	Unidades
Turbiedad [a]	4.0	UNT
pH	6.5 a 8.5	Unidades de pH
Color Verdadero	15	UC

[a] El límite permisible para Turbiedad será de 3.0 UNT a partir del año 2019.

5.3 Químicas:

Tabla 2 - Especificaciones sanitarias químicas

Parámetros	Límite permisible	Unidades
Cianuros totales	0.07	mg/L
Dureza total como CaCO3	500.00	mg/L
Fluoruros como F^- [a]	1.50	mg/L
Nitrógeno amoniacal	0.50	mg/L
Nitrógeno de nitratos ($N\text{-}NO3^-$)	11.00	mg/L
Nitrógeno de nitritos ($N\text{-}NO2^-$)	0.90	mg/L
Sólidos disueltos totales	1000.00	mg/L
Sulfatos ($SO4^=$)	400.00	mg/L
Sustancias activas al azul de metileno	0.50	mg/L

[a] El límite permisible para fluoruros será de 1.50 mg/L para todas las localidades y se ajustará de conformidad con la tabla de cumplimiento gradual Tabla 3 de

.4 Metales y metaloides:

Tabla 4 - Especificaciones sanitarias de metales y metaloides

Parámetros	Límite permisible	Unidades
Aluminio	0.20	mg/L
Arsénico [a]	0.025	mg/L
Bario	1.3	mg/L
Cadmio [b]	0.005	mg/L
Cobre	2.00	mg/L
Cromo total	0.05	mg/L

Hierro	0.30	mg/L
Manganeso	0.15	mg/L
Mercurio	0.006	mg/L
Níquel	0.07	mg/L
Plomo	0.01	mg/L
Selenio	0.04	mg/L

NOTA 1 Los límites permisibles de metales y metaloides se refieren a su concentración total en el agua, la cual incluye los suspendidos y los disueltos.

[a] El límite permisible para arsénico será de 0.025 mg/L para todas las localidades y se ajustará de conformidad con la tabla de cumplimiento gradual Tabla 5, de este punto 5.4.

[b] El límite permisible para cadmio será de 0.005 mg/L para todas las localidades y se ajustará de conformidad con la tabla de cumplimiento gradual Tabla 5, de este punto 5.4.

Preparación de soluciones estándar utilizadas en este manual.

Solución de AgNO$_3$ 0.01M. Se pesan aproximadamente 2 g de nitrato de plata y se llevan a la estufa donde se deja por una hora a 110°C. Después de ese tiempo se deja enfriar en un desecador. Para la solución 0.01 M, se pesan exactamente 1.699 g de AgNO$_3$ y disolver con agua de preferencia bi destilada hasta completar 1 L. Como la acción de la luz afecta al nitrato de plata, es aconsejable conservar la solución en frasco de vidrio ámbar, o en su lugar, en frascos de vidrio claro forrados con papel oscuro.

Solución de EDTA 0.01 M. Desecar una muestra de 5 g del dihidrato purificado (Na$_2$H$_2$Y.2H$_2$O, peso fórmula = 372.2) a 80°C para eliminar la humedad superficial. Después dejar enfriar en desecador y pesar 3.722 g y disolver a 1 L con agua destilada hasta el enrace.

Solución de H$_2$SO$_4$ 0.02 N. Una disolución 0.1 N de este ácido contiene 0.4906 g de H$_2$SO$_4$ por L. Se colocan 25 mL de una solución 0.02 N, en un matraz y:
$$(50\ mL)(0.1N) = (0.02N)(x)$$
$x = 125$ ml , se diluye a un volumen de 125 mL

Bibliografía consultada

Ayres H. G. *Análisis Químico Cuantitativo*, HARLA, 2ª edición, 1970.

Brumblay Ray U., *Análisis Cuantitativo*, CECSA, 1969.

Crites R., Tchobanoglous G., *Tratamiento de Aguas Residuales en Pequeñas Poblaciones*, McGrawHill, 2000.

Custodio E., Llamas M.R., *Hidrología Subterránea*, Editorial Omega, 1996.

Day, JR. R.A., Underwood A.L. *Química Analítica Cuantitativa*, 5ª. Edición, Prentice-Hall, Hispanoamérica, S.A. 1986.

De Heredia Alonso J.B.,Torregrossa A.J., González M.T., Domínguez Vargas J.R., *Análisis Química de Aguas Residuales.* Abecedario. Universidad de Extremadura, 2004.

Fagundo Castillo J.R., *Hidroquímica del Karst*, Ediciones Osuna-Cuba, 1996
Gaviño de la Torre G, Juárez L.C., Figueroa T. H.H., *Técnicas Biológicas de Laboratorio y Campo*, LIMUSA, 1999.

Geissler Gunther, Arroyo Maribel, *El Agua como un recurso natural renovable*, Ed. Trillas,2011.

Helwelg Otto J. *Recursos Hidráulicos*, LIMUSA, 1992.

Ibáñez Cornejo J.G., Mainero Mancera R.M., Doria Serrano M.C., *Experimentos de Química en microescala para nivel medio superior*, Universidad Iberoamericana, 2009.

Jander Gerhart, *Análisis Volumétrico*, UTEHA, 1961.

Jenkis David, *Química del Agua* (Manual de laboratorio), LIMUSA, 1983.

Juárez Clemente, R. Lemus C., *Manual de Química Aplicada*, Ed. ROREZ, 1966.

Kreshkov A., Yaroslavtsev A, *Curso de Química Analítica, Análisis Cuantitativo,* Editorial Mir, 1985.

Ledesma Ledesma G. *Las Cavernas del Área de San Joaquín, Querétaro,* EXCAV/COBAQ/H. Ayuntamiento de San Joaquín, 2022.

López A.P. *Abastecimiento de Agua Potable,* Alfaomega, IPN, 2002.

López Cancio J.A., *Problemas de Química,* Prentice Hall, 2006.

Maskew F.G., Charles G.J., Alexander O.D.*, Ingeniería Sanitaria y de Aguas Residuale*s, Ediciones Ciencia y Técnica S.A., Volumen 1 y 3, 1987.

Meré Alcocer F.J. *Tratamiento y control de la contaminación de las aguas urbanas*, CPPEQ, 2003.

NOM-A-A-73-1981, para cloruros.

NMX-AA-036-SCFI-2001, para la alcalinidad.

NMX-AA-074-SCFI-2014 , para determinación de sulfatos.

NOM-AA-72-1981, para determinación de la dureza.

Romero Rojas J.A., *Calidad del Agua*, alfaomega, 2000.

Orozco D. F. *Análisis Químico Cuantitativo*, Editorial Porrúa, 1977.
Smog Douglas A, West Donald M., *Introducción a la Química Analítica,* editorial reverte, s.a.1986.

Symons James M. *Más claro, ni el agua*, CEA-Querétaro, 1997.
Vega de Kuyper J.C. *Química del Medio Ambiente*, Alfaomega, segunda edición, 2007.

Vogel Arthur I. *Química Analítica Cuantitativa. Volumen I.* Editorial KAPELUSZ. 1960.

I want morebooks!

Buy your books fast and straightforward online - at one of world's fastest growing online book stores! Environmentally sound due to Print-on-Demand technologies.

Buy your books online at
www.morebooks.shop

¡Compre sus libros rápido y directo en internet, en una de las librerías en línea con mayor crecimiento en el mundo! Producción que protege el medio ambiente a través de las tecnologías de impresión bajo demanda.

Compre sus libros online en
www.morebooks.shop

Printed by Books on Demand GmbH, Norderstedt / Germany